机电设备管理与维护技术基础

主　编　赵光霞

副主编　施　琴　张　成

参　编　金　玉

北京理工大学出版社
BEIJING INSTITUTE OF TECHNOLOGY PRESS

内 容 简 介

本书是高等职业院校"以就业为导向、以能力为本位"课程改革成果系列教材之一，根据教育部新一轮职业教育教学改革成果——最新研发了机电技术专业、数控技术专业人才培养方案，并制定了相关核心课程标准。本书是根据最新制定的"机电设备的管理与维护技术基础核心课程标准"编写的。

全书从理实一体化的角度出发，结合案例教学法，介绍了常用机电设备管理技术基础、常见典型机电设备维护保养技术基础等核心内容。

本书可作为高等职业院校（含五年制高职）机电一体化专业、数控技术专业及机械类相关的专业教材，也可作为相关行业岗位培训教材及有关人员自学用书。

图书在版编目（CIP）数据

机电设备管理与维护技术基础 / 赵光霞主编. —北京：北京理工大学出版社，2022.1 重印

ISBN 978-7-5682-4764-1

Ⅰ.①机…　Ⅱ.①赵…　Ⅲ.①机电设备-设备管理-高等学校-教材②机电设备-维修-高等学校-教材　Ⅳ.①TM

中国版本图书馆 CIP 数据核字（2017）第 210560 号

出版发行 / 北京理工大学出版社有限责任公司
社　　址 / 北京市海淀区中关村南大街 5 号
邮　　编 / 100081
电　　话 / （010）68914775（总编室）
　　　　　　（010）82562903（教材售后服务热线）
　　　　　　（010）68948351（其他图书服务热线）
网　　址 / http://www.bitpress.com.cn
经　　销 / 全国各地新华书店
印　　刷 / 三河市天利华印刷装订有限公司
开　　本 / 787 毫米×1092 毫米　1/16
印　　张 / 12
字　　数 / 295 千字
版　　次 / 2022 年 1 月第 1 版第 7 次印刷
定　　价 / 33.00 元

责任编辑 / 张旭莉
文案编辑 / 张旭莉
责任校对 / 周瑞红
责任印制 / 李志强

前　言

本书是高等职业院校"以就业为导向、以能力为本位"课程改革成果系列教材之一。在教育部新一轮职业教育教学改革的进程中，来自高等职业院校教学工作一线骨干教师和学科带头人，通过社会调研，对劳动力市场人才需求分析和进行课题研究，在企业有关人员积极参与下，研发了机电技术专业、数控技术专业人才培养方案，并制定了相关核心课程标准。本书是根据最新制定的"机电设备的管理与维护技术基础核心课程标准"编写的。

机电设备的管理和维护，面向制造类企业，围绕常用机电设备的管理与维护技术，以实用为主、够用为度，成系列按课题展开，考评标准具体明确，可操作性强。课程教学把提高学生的职业能力放在突出的位置，加强实践性教学环节，努力使学生成为企业生产服务一线迫切需要的高技能人才。

通过本书的学习，学生可对我国应用广泛的机电设备有所了解，并初步掌握其管理与维护基础技术。

本书特点主要有以下几个方面：

1. 在编写上以培养学生的实践能力为主线，强调内容的应用性和实用性，降低理论分析的深度和难度，以"实用"和"够用"为尺度，建立以能力培养为目标的课程教学模式和教材体系。

2. 尽量减少理论分析，加大"应用实例"的篇幅。本书依据机电类专业的教学要求和企业需求，结合生产实践，介绍了机电设备的管理与维护技术基础，列举了常用典型机电设备管理与维护实例，深入浅出地探讨了常用典型机电设备的管理与维护基础技术。

3. 注重将理论讲授与实践相结合，理论讲授贯穿其应用性，实践中有理论、有方法，以基本技能和应用为主，易学易懂易上手。

4. 在内容安排上，设置机电设备的管理和维护两个模块，设置若干个典型案例（教师可根据本校实际情况选择案例），在案例任务实施过程中进行教学，有利于学生在任务驱动下，自主学习、自我实践；各章节后面均附有一定数量的思考题与习题，便于教师组织教学和学生自学。

全书共分三章，学时分配建议如下：

序号		内　　容	课时
1	模块1	第1章　设备管理技术基础	10
2	模块2	第2章　机电设备维护保养基础知识	4
3		第3章　机电设备的维护保养案例	40

1

序号	内　　容	课时
5	机　　动	6
6	总　　计	60

　　本书由拥有丰富一线经验的赵光霞主编，施琴、张成任副主编，金玉参编，由朱仁盛主审。本书编写过程中，参考了已出版的相关书籍和网络资料，在此，对这些书籍的作者及提供网络资料的同仁表示由衷的感谢！

　　本书作为课程改革成果系列教材之一，在推广使用中，非常希望得到其教学适用性反馈意见，以便不断改进与完善。由于编者水平有限，书中错漏之处在所难免，敬请读者批评指正。

编　者

目　　录

模块 1
设备管理技术基础

第1章
设备管理技术基础

设备是生产力三要素之一，是进行社会生产的物质手段。科学而合理地管理机电设备，最大限度地利用设备，对企业效益的提升是十分有利的，机电设备管理是一门十分丰富的综合工程学科。

1.1 设备管理发展概况

1.1.1 设备管理科学的发展

设备是固定资产的重要组成部分。国外设备工程学把设备定义为"有形固定资产的总称"，它把一切列入固定资产的劳动资料，如土地、建筑物（厂房、仓库等）、构筑物（水池、码头、围墙、道路等）、机器（工作机械、运输机械等）、装置（容器、蒸馏塔、热交换器等），以及车辆、船舶、工具（工夹具、测试仪器等）等都包含在其中。在我国，只把直接或间接参与改变劳动对象的形态和性质的物质资料才看作设备。一般认为，设备是人们在生产或生活上所需的机械、装置和设施等可供长期使用，并在使用中基本保持原有实物形态的物质资料。它既是发展国民经济的物质技术基础，又是衡量社会发展水平与物质文明程度的重要尺度。

现代机电设备是应用了机电一体化技术的设备，是机械技术、检测传感技术、信息处理技术、自动控制技术、伺服传动技术、接口技术、系统总体技术等各种技术相互渗透的结果。机电设备的出现进一步提高了生产率，减轻了工人的劳动强度，机电设备管理的好坏，对企业生产起着至关重要的作用。

设备管理是指对机电设备从选择评价、使用、维护修理、更新改造以及报废处理全过程的管理工作的总称。

一、设备管理的形成与发展

设备管理是随着工业生产的发展，设备现代化水平的不断提高以及管理科学和技术的发展逐步发展起来的。设备管理发展的历史主要体现在设备维修方式的演变上，大致可以分为三个大的历史时期：

1. 事后维修（第一代）

事后维修就是企业的机器设备发生了损坏或事故以后才进行修理。可划分为两个阶段：

1）兼修阶段

在 18 世纪末到 19 世纪初，以广泛使用蒸汽机为标志的第一次技术革命后，由于机器生产的发展，生产中开始大量使用机器设备，但工厂规模小、生产水平低、技术水平落后、机器结构简单，机器操作者可以兼作维修，不需要专门的设备维修人员。

2）专修阶段

随着工业发展和技术进步，尤其在 19 世纪后半期，以电力的发明和应用为标志的第二次技术革命以后，由于内燃机、电动机等的广泛使用，生产设备的类型逐渐增多，结构越来越复杂，设备的故障和突发的意外事故不断增加，对生产的影响更为突出。这时设备维修工作显得更加重要，由原来操作工人兼做修理工作已不能满足需要，于是修理工作便从生产中分离出来，出现了专职机修人员。但这时实行的仍然是事后维修，也就是设备坏了才修，不坏不修。因此，设备管理是从事后维修开始的。但这个时期还没有形成科学的、系统的设备管理理论。

2. 预防性维修阶段（第二代）

预防维修就是在机械设备发生故障之前，对易损零件或容易发生故障的部位，事先有计划地安排维修或换件，以预防设备事故发生。计划预防修理理论及制度的形成和完善时期，可分为以下 3 个阶段：

（1）定期计划修理方法形成阶段。在该阶段中，苏联出现了定期计划检查修理的做法和修理的组织机构。

（2）计划预修制度形成阶段。在第二次世界大战之后到 1955 年，机器设备发生了变化，单机自动化已用于生产，出现了高效率、复杂的设备。苏联先后制定出计划预修制度。

（3）统一计划预防维修制度阶段。随着自动化程度不断提高，人们开始注意到了维修的经济效果，制定了一些规章制度和定额，计划预修制日趋完善。

3. 设备综合管理阶段（第三代）

设备的综合管理，是对设备实行全面管理的一种重要方式。它是在设备维修的基础上，为了提高设备管理的技术，经济和社会效益，针对使用现代化设备所带来的一系列新问题，继承了设备工程以及设备综合工程学的成果，吸取了现代管理理论（包括系统论、控制论、信息论），尤其是经营理论、决策理论，综合了现代科学技术的新成就（主要是故障物理学、可靠性工程、维修性工程等），而逐步发展起来的一种新型的设备管理体系。

基本思想：设备的制造与使用相结合，修理改造与更新相结合，技术管理与经济管理相结合，专业管理与群众管理相结合，以及预防为主、保养与计划检修并重等各种方式并行。

典型代表：

1）设备综合工程学（英国）

20世纪70年代初，英国的丹尼斯·巴库斯（Dennis Parkes）提出了设备综合工程学。此后，经欧美、日本等国家不断的研究、实践和普及，成为一门新兴学科。

1974年，英国工商部给设备工程下的定义是：为了追求经济的周期费用，而对有形资产的有关工程技术、管理、财务以及其他实际业务进行综合研究的学科。它是一门以设备一生为研究对象，以提高设备效率、使其寿命周期费用最经济为目的的综合学科。其主要特点如下：

（1）以寿命周期费用作为评价设备管理的重要经济指标，并追求寿命周期费用最经济。

（2）强调对设备从工程技术、工程经济和工程管理三方面进行综合管理和研究。

（3）进行可靠性和维修性设计，综合考虑设置费与维修费，使综合费用不断下降，最大限度提高设备效率。

（4）强调发挥有形资产（设备、机械、装置、建筑物、构筑物）即设备一生各阶段机能的作用。

（5）重视设计、使用和费用的信息反馈，实现设备一生系统的管理。

设备综合工程学的创立，开创了设备管理学科的新领域，从理论方法上突破了设备管理的狭义概念，把传统的设备管理由后半生扩展到设备一生的系统管理，并协调设备一生的各个环节，有目的地系统分析、统筹安排、综合平衡，充分发挥各环节的机能，实现设备寿命周期最经济。

为了推进设备综合工程学的应用和发展，英国成立了国家设备综合中心及国家规模的可靠性服务系统；开展以可靠性为中心的维修，更加注重可靠性和维修性设计；把节能、环保和安全作为设备综合工程学的新课题。经过多年的实践和完善，已取得了明显效果，带来了较好的经济效益。

同时，在巴库斯先生的倡议下，成立了"欧洲维修团体联盟"，该团体每两年召开一次欧洲设备管理维修会议，近年来，中国每次均派代表团参加。会议宗旨是开展各国设备管理实践、维修技术的交流，促进设备综合工程学的推广和发展，帮助发展中国家培养设备工程人才。

2）全员生产维护制度（日本）

日本全员生产维修（Total Productive Maintenance，简称TPM）是从20世纪50年代起，在引进美国预防维修和生产维修体制的基础上，吸取了英国设备综合工程学的理论，并结合本国国情而逐步发展起来的。

TPM的含义

日本设备工程协会对全员生产维修下的定义：

（1）以提高设备综合效率为目标；

（2）建立以设备一生为对象的生产维修系统，确保寿命周期内无公害、无污染、安全生产；

（3）涉及设备的规划、使用和维修等所有部门；

（4）从企业领导到生产一线工人全体参加；

（5）开展以小组为单位的自主活动推进生产维修。

全员生产维修追求的目标是"三全"，即全效率——把设备综合效率提高到最高；全系统——建立起以设备一生为对象的预防维修（PM）系统，并建立有效的反馈系统；全员——凡涉及设备全过程的所有部门以及所有相关人员都要参加到 TPM 体系中来。

特点

（1）重视人的作用，重视设备维修人员的培训教育以及多能工的培养；

（2）强调操作者自主维修，主要是由设备使用者自主维护设备，广泛开展"7S"（整理、整顿、清扫、清洁、素养、安全、节约）活动，通过小组自主管理，完成预定目标；

（3）侧重生产现场的设备维修管理；

（4）坚持预防为主，重视润滑工作，突出重点设备的维护和保养；

（5）重视并广泛开展设备点检工作，从实际出发，开展计划修理工作；

（6）开展设备的故障修理、计划修理工作；

（7）讲究维修效果，重视老旧设备的改造；

（8）确定全员生产维修的推进程序。

二、中国机电设备管理的发展

由于中国长期处于封建统治下，旧中国工业落后，设备管理工作很差，基本上是坏了就修，修好了再用，没有储备的备品配件，没有设备档案和操作规程等技术文件。

新中国成立后，在设备管理方面，基本上是学习苏联的工业管理体系，照抄、照搬了不少规章制度；也引进了总机械师、总动力师的组织编制。这在当时对加强管理起了一定推动作用，使管理工作从无到有，逐步建立起来，但是由于设备本身和技术水平比较落后，不考虑国情而采用生搬硬套式的管理，给设备管理带来了一些弊病和负面影响。但是，在这个阶段还是为中国的工业管理打下了一定的基础。

从 20 世纪 50 年代末期至 20 世纪 60 年代中期，中国的设备管理工作，进入一个自主探索和改进阶段。其特点是权力下放，解决权力过分集中的弊病。比如修订了大修理管理办法；简化了设备事故管理办法；改进了计划预修制度和备品配件管理制度；采取了较为适合各厂具体情况的检修体制；实行包机制、巡回检查制和设备评级活动等，使设备管理制度比较适合我国具体情况。

改革开放以后，通过企业整顿，建立并健全了各级责任制，建立并充实了各级管理机构，充实完善了部分基础资料。随着改革开放的深入，中国的设备管理也进入了一个新的发展阶段。再加上国外的"设备综合工程学""全员维修""后勤工程学"和"计划预修制度"的新发展给以的启发和促进作用，加速了中国设备管理科学的发展。

1.2 设备管理的工作任务及模式

1.2.1 设备管理的目的及工作任务

设备管理的主要目的是用技术上先进、经济上合理的装备，采取有效措施，保证设备高效率、长周期、安全、经济地运行，保证企业获得最好的经济效益。

设备管理是企业管理的一个重要部分。在企业中，设备管理搞好了，才能使企业的生产秩序正常，做到优质、高产、低消耗、低成本，预防各类事故，提高劳动生产率，保证安全生产。

加强设备管理，有利于企业取得良好的经济效果。如年产 30 万吨合成氨厂，一台压缩机出故障，会导致全系统中断生产，其生产损失很大。

加强设备管理，还可对老、旧设备不断进行技术革新和技术改造，合理地做好设备更新工作，加速实现工业现代化。

总之，随着科学技术的发展，企业规模日趋大型化、现代化，机器设备的结构、技术更加复杂，设备管理工作也就越来越重要。许多发达国家对此十分重视。西德 1976 年"工业通报"记载，一般情况下，用于设备维修的年财政支出额，大约相当于设备固定资产原值的 6%～10% 或企业产值的 10%。如将配件等其他资金考虑在内，估计维修支出要占企业总开支的 1/4。据 1978 年资料介绍，苏联每年用于设备维修的资金超过 100 亿卢布。从而不难看出，要想做好设备管理，就得不断地开动脑筋，寻找更好的对策，促进设备管理科学的发展。

设备管理的基本任务是正确贯彻执行党和国家的方针政策。要根据国家及各部委、总公司颁布的法规、制度，通过技术、经济和管理措施，对生产设备进行综合管理。做到全面规划、合理配置、择优选型、正确使用、精心维护、科学检修、适时改造和更新，使设备经常处于良好的技术状态。以实现设备寿命周期费用最经济、综合效能高和适应生产发展需要的目的。设备管理的具体任务如下所列。

（1）搞好企业设备的综合规划，对企业在用和需用设备进行调查研究，综合平衡，制定科学合理的设备购置、分配、调整、修理、改造、更新等综合性计划。

（2）根据技术先进、经济合理原则，为企业提供（制造、购置、租赁等）最优的技术装备。

（3）制定和推行先进的设备管理和维修制度，以较低的费用保证设备处于最佳技术状态。提高设备完好率和设备利用率。

（4）认真学习、研究，掌握设备物质运动的技术规律，如磨损规律，故障规律等。运用先进的监控、检测、维修手段和方法，灵活有效地采取各种维修方式和措施，搞好设备维修。保证设备的精度、性能达到标准，满足生产工艺要求。

（5）根据产品质量稳定提高，改造老产品，发展新产品和安全生产、节能降耗、改善环境等要求，有步骤地进行设备的改造和更新。在设备大检修时，也应把设备检修与设备改造结合起来，积极应用推广新技术、新材料和新工艺，努力提高设备现代化水平。

（6）按照经济规律和设备管理规律的客观要求，组织设备管理工作。采取行政手段与经济手段相结合的办法，降低能源消耗费用和维修费用的支出，尽量降低设备的周期费用。

（7）加强技术培训和思想政治教育，造就一支素质较高的技术队伍。随着企业向大型化、自动化和机电一体化等多方面迅速发展，以及对设备管理要求不断提高，从而对设备管理人员和维修人员提出了更高的要求。能否管好、用好、修好设备，不仅要看是否有一套好制度，而且取决于设备管理和设备维修人员的素质（包括知识结构和能力）。

（8）搞好设备管理和维修方面的科学研究、经验总结和技术交流。组织技术力量对设备管理和维修中的课题进行科研攻关。积极推广国内外新技术、新材料、新工艺和行之有效的经验。

（9）搞好备品配件的制造，为供应部门提供备品配件的外购、储存信息和计划。推进设备维修与配件供应的商品化和社会化。

（10）组织群众参与管理。搞好设备管理，要发动全体员工参与，形成从领导到群众，从设备管理部门到各有关组织机构齐抓共管的局面。

1.2.2　封闭式管理模式与现代化管理模式

在机电设备使用初期，由于设备少，类型单一，并且集中在一两个单位，因此，各有关单位自身形成机电设备管理、使用、维修三位一体的封闭式管理模式。

随着工业化、经济全球化、信息化的发展，机械制造、自动控制、可靠性工程及管理科学出现了新的突破，机电设备种类和数量越来越多，各部门、各车间都有了机电设备。封闭式管理模式就难以适用了。若采用这种模式，每个单位均要建立维修机构及人员，必然造成人力、物力和财力的极大浪费，现实的条件也是不允许的。现代设备的科学管理出现了新的模式，机电设备使用、管理和维修各归相关部门负责的现代化管理模式，并用计算机网络技术对设备实现了综合管理。

1.2.3　设备现代化管理的发展方向

一、设备管理信息化趋势

管理信息化是以发达的信息技术和信息设备为物质基础对管理流程进行重组和再造，使管理技术和信息技术全面融合，实现管理过程自动化、数字化、智能化的全过程。现代设备管理的信息化应该是以丰富、发达的全面管理信息为基础，通过先进的计算机和通信设备及网络技术设备，充分利用社会信息服务体系和信息服务业务为设备管理服务。设备管理的信息化是现代社会发展的必然。

设备管理信息化趋势的实质是对设备实施全面的信息管理，主要表现在：

1. 设备投资评价的信息化

企业在投资决策时，一定要进行全面的技术经济评价，设备管理的信息化为设备的投资评价提供了一种高效可靠的途径。通过设备管理信息系统的数据库获得投资多方案决策所需的统计信息及技术经济分析信息，为设备投资提供全面、客观的依据，从而保证设备投资决策的科学化。

2. 设备经济效益和社会效益评价的信息化

由于设备使用效益的评价工作量过于庞大，很多企业都不做这方面的工作。设备信息系统的构建，可以积累设备使用的有关经济效益和社会效益评价的信息，利用计算机能够短时间内对大量信息进行处理，提高设备效益评价的效率，为设备的有效运行提供科学的监控手段。

3. 设备使用的信息化

信息化管理使得设备使用的各种信息的记录更加容易和全面，这些使用信息可以通过设备制造商的客户关系管理反馈给设备制造厂家，提高机器设备的实用性、经济性和可靠性。同时设备使用者通过对这些信息的分享和交流，有利于强化设备的管理和使用。

二、设备维修社会化、专业化、网络化趋势

设备管理的社会化、专业化、网络化的实质是建立设备维修供应链，改变过去大而全、小而全的生产模式。随着生产规模化、集约化的发展，设备系统越来越复杂，技术含量也越来越高，维修保养需要各类专业技术和建立高效的维修保养体系，才能保证设备的有效运行。传统的维修组织方式已经不能满足生产的要求，有必要建立一种社会化、专业化、网络化的维修体制。

设备维修的社会化、专业化、网络化可以提高设备的维修效率、减少设备使用单位备品配件的储存及维修人员，从而提高了设备使用效率，降低资金占用。

三、可靠性工程在设备管理中的应用趋势

现代设备的发展方向是：自动化、集成化。由于设备系统越来越复杂，对设备性能的要求也越来越高，因而势必提高对设备可靠性的要求。

可靠性是一门研究技术装备和系统质量指标变化规律的学科，并在研究的基础上制定能以最少的时间和费用，保证所需的工作寿命和零故障率的方法。可靠性学科在预测系统的状态和行为的基础上建立选取最佳方案的理论，保证所要求的可靠性水平。

可靠性标志着机器在其整个使用周期内保持所需质量指标的性能。不可靠的设备显然不能有效工作，因为无论是由于个别零部件的损伤，或是技术性能降到允许水平以下而造成停机，都会带来巨大的损失，甚至灾难性后果。

可靠性工程通过研究设备的初始参数在使用过程中的变化，预测设备的行为和工作状态，进而估计设备在使用条件下的可靠性，从而避免设备意外停止作业或造成重大损失和灾难性事故。

四、状态监测和故障诊断技术的应用趋势

设备状态监测技术是通过监测设备或生产系统的温度、压力、流量、振动、噪声、润滑油黏度、消耗量等各种参数，与设备生产厂家的数据相对比，分析设备运行的好坏，对机组故障作早期预测、分析诊断与排除的技术。

设备故障诊断技术是一种了解和掌握设备在使用过程中的状态，确定其整体或局部是否正常或异常，早期发现故障及其原因，并能预报故障发展趋势的技术。

随着科学技术与生产的发展，机械设备工作强度不断增大，生产效率、自动化程度越来越高，同时设备更加复杂，各部分的关联越加密切，往往某处微小故障就会引发连锁反应，导致整个设备乃至与设备有关的环境遭受灾难性的毁坏，不仅造成巨大的经济损失，而且会危及人身安全，后果极为严重。采用设备状态监测技术和故障诊断技术，就可以事先发现故障，避免发生较大的经济损失和事故。

五、从定期维修向预知维修转变的趋势

设备的预知维修管理是现代设备科学管理发展的方向，为减少设备故障，降低设备维修

成本，防止生产设备的意外损坏，通过状态监测技术和故障诊断技术，在设备正常运行的情况下，进行设备整体维修和保养。在工业生产中，通过预知维修，降低事故率，使设备在最佳状态下正常运转，这是保证生产按预定计划完成的必要条件，也是提高企业经济效益的有效途径。

预知维修的发展是和设备管理的信息化、设备状态监测技术、故障诊断技术的发展密切相关的，预知维修需要的大量信息是由设备管理信息系统提供的，通过对设备的状态监测，得到关于设备或生产系统的温度、压力、流量、振动、噪声、润滑油黏度、消耗量等各种参数，由专家系统对各种参数进行分析，进而实现对设备的预知维修。

以上提到的现代设备管理的几个发展趋势并不是相互孤立的，它们之间相互依存、相互促进；信息化在设备管理中的应用可以促进设备维修的专业化、社会化；预知维修又离不开设备的故障诊断技术和可靠性工程；设备维修的专业化又促进了故障诊断技术、可靠性工程的研究和应用。

设备管理的新趋势是和当前社会生产的技术经济特点相适应的，这些新趋势带来了设备管理水平的提升，见表1-1。

表1-1　新趋势带来的设备管理水平的提升

新趋势	带来的新改进
信息化趋势	（1）设备投资评价的信息化； （2）设备经济效益、社会效益评价的信息化； （3）设备使用的信息化
维修的社会化、专业化、网络化趋势	（1）保证维修质量、缩短维修时间、提高维修效率、减少停机时间； （2）保证零配件的及时供应、价格合理； （3）节省技术培训费用
可靠性工程的应用	（1）避免意外停机； （2）保证设备的工作性能
状态监控和故障诊断技术	（1）保证设备的正常工作状态； （2）保证物尽其用，发挥最大效益； （3）及时对故障进行诊断，提高维修效率
从定期维修向预知维修的转变	（1）节约维修费用； （2）降低事故率、减少停机时间

1.3　设备管理的基础工作

基础工作是企业的"三基"（基础工作、基本功、基层工作）工作之一。设备的基础资料对设备综合管理工作非常重要。其主要内容之一是搜集资料、积累资料，即积累数据，也可称为数据管理。

数据管理要抓好三个环节。

（1）占有数据。为达到占有数据，首先要建立健全的原始记录和统计。原始记录是生产经济活动的第一次记录；统计是对经济活动中，人力、物力、财力及有关技术经济指标所取得的成果进行统计和分析。原始记录和统计要求准确、全面、及时、清楚。其次是做好定额工作。定额是指在一定的生产条件下，规定企业在人力、物力及财力的消耗上应达到的标准。定额要求先进、合理。再次，做好计量工作。计量是原始记录与各项核算的基础，也是制定定额的依据。对计量要求是一准、二灵。计量不准、不灵，不仅影响生产过程，经营过程，还会影响企业内部的考核。此外，技术情报工作和各种反馈资料也是数据来源之一。情报工作要求全面及时，对各种反馈资料要求准确。

（2）处理、传递、储存数据。处理数据，要去伪存真；传递数据，要迅速准确；储存数据，要完整无遗。为此，企业要建立数据中心——数据库。同时建立数据网，要建立数据管理制度。

（3）运用数据。占有、处理和储存数据，目的在于运用。运用方法十分广泛，但如何应用现代数学方法、科学的企业管理方法以及应用电子计算机来处理数据，则是摆在我们面前的新课题。

1.3.1 设备的分类

一般企业的设备数量都比较多。由于企业的规模不同，有的企业少则数百台，多则几千台，此外还有几万平方米的建筑物、构筑物、成百上千公里的管道等。准确地统计企业设备的数量并进行科学的分类，是掌握固定资产构成、分析企业生产能力、明确职责分工、编制设备维修计划、进行维修记录和技术数据统计分析、开展维修经济活动分析的一项基础工作。设备分类方法很多，可根据不同的需要，从不同的角度来分类。下面介绍几种主要的分类方法。

一、按固定资产分类

凡使用年限在一年以上、单位价值在规定范围内的劳动资料，称为固定资产。企业采用哪一种固定资产单位价值标准，应该根据行业特点、企业大小等情况来决定。中央企业由主管部门同财政部门商定；地方企业由省、直辖市、自治区主管部门同财政部门商定。

如按经济用途和使用情况，分析固定资产的构成，固定资产可分为以下5类。

1）工业生产固定资产

工业生产固定资产是指用于工业生产方面（包括管理部门）的各种固定资产，其中又可具体划分为下列几类。

（1）建筑物。指生产车间、工厂以及为生产服务的各技术、科研、行政管理部门所使用的各种房屋。如厂房、锅炉房、配电站、办公楼、仓库等。

（2）构筑物。是指生产用的炉、窑、矿井、站台、堤坝、储槽和烟道、烟囱等。

（3）动力设备。是指用以取得各种动能的设备。如锅炉、蒸汽轮机、发电机、电动机、空气压缩机、变压器等。

（4）传导设备。用以传送由热力、风力、气体及其他动力和液体的各种设备。如上下水道、蒸汽管道、煤气管道、输电线路、通信网络等。

（5）生产设备。是指具有改变原材料属性或形态、功能的各种工作机器和设备。如金属切削机床、锻压设备、铸造设备、木工机械、电焊机、电解槽、反应釜、离心机等。

在生产过程中，用以运输原材料、产品的各种起重装置，如桥式起重机、皮带运输机等，也应该作为生产设备。

（6）工具、仪器及生产用具。是指具有独立用途的各种工作用具、仪器和生产用具。如切削工具、压延工具、铸型、风铲、检验和测量用的仪器、用以盛装原材料或产品的桶、罐、缸、箱等。

（7）运输工具。是指用以载人和运货的各种用具。如汽车、铁路机车、电瓶车等。

（8）管理用具。是指经营管理方面使用的各种用具。如打字机、计算机、油印机、家具、办公用具等。

（9）其他工业生产用固定资产。是指不属于以上各类的其他各种工业生产用固定资产。例如技术图书等。

2）非工业生产用固定资产

非工业生产用固定资产指不直接用于工业生产的固定资产。包括公用事业、文化生活、卫生保健、供应销售、科学试验用的固定资产。如职工宿舍、食堂、浴室、托儿所、理发室、医院、图书馆、俱乐部、招待所等单位所使用的各项固定资产。这类固定资产为职工提供正常的生活条件，对职工安心生产和发挥积极性有重要意义。

3）未使用固定资产

未使用固定资产指尚未开始使用的固定资产。包括购入和无偿调入尚待安装或因生产任务变更等原因而未使用或停止使用，以及移交给建设单位进行改建、扩建的固定资产。由于季节性生产、大修理等原因而停止使用的固定资产；存放在车间内替换使用的机械设备，均作为使用中固定资产而不能作为未使用固定资产。

4）不需用固定资产

凡由于数量多余或因技术性能不能满足工艺需要等原因而停止使用、已报上级机关等待调配处理的各种固定资产。

5）土地

土地指已经入账的、一切生产用的、非生产用的土地。

按固定资产分类的概念，在设备管理中也将设备分为：生产设备与非生产设备，未安装设备与在用设备，使用设备与闲置设备等。

二、按工艺属性分类

工艺属性是设备在企业生产过程中承担任务的工艺性质，是提供研究分析企业生产装备能力、构成、性质的依据。企业设备日常管理中的分类、编号、编卡、建账等均按工艺属性来进行。

从全国范围来讲，可按用途将工业企业的设备分为5类。

（1）通用设备。包括锅炉、蒸汽机、内燃机、发电机及电厂设施、铸造设备、机加设备、分离机械、电力设备及电气机械、工业炉窑等。

（2）专用设备。包括矿业用钻机、凿岩机、挖掘机、煤炭专用设备、有色金属专用设备、黑色金属专用设备、石油开采专用设备、化工专用设备、建筑材料专用设备、电子工业

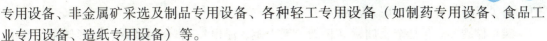

专用设备、非金属矿采选及制品专用设备、各种轻工专用设备（如制药专用设备、食品工业专用设备、造纸专用设备）等。

（3）交通运输工具。包括汽车、机车车辆、船舶等。

（4）建筑工程机械。包括混凝土搅拌机、推土机等。

（5）其他。主要仪器、仪表、衡器。

三、企业设备分类

由于不同企业生产产品和装备不同，对设备的分类也不尽相同。现以化工企业为例进行分类。

1）据化工设备在生产上的重要程度

可将设备分为主要设备和一般设备两大类，各自又分成两类：主要设备分为甲类（级）设备和乙类（级）设备；一般设备分为丙类（级）设备和丁类（级）设备。

（1）甲类设备。是工厂的心脏设备。在无备机情况下，一旦出现故障，将引起全厂停产的设备，有的企业称为关键设备，在一个企业中占全部设备的 5%～10%。如所有合成氨厂，其关键设备是"炉、机、塔"。"炉"是指煤气炉，是故障频繁、影响生产因素极大的设备。在安全上有爆炸及火灾的危险，检修困难，不易修复。"机"是指氢气、氨气压缩机，因阀片与活塞环的故障率较高，使用寿命很短。"塔"是指合成塔，系高温、高压设备。其中的触媒需精心维护操作，一旦触媒中毒，就会影响全局，造成停工、停产。在合成氨工艺设备中，煤气炉是龙头，压缩机是心脏，而合成塔是出产品的关键设备，三者缺一不可。以新建石脑油为原料的年产 30 万吨合成氨厂为例，一段转化炉取代了煤气炉；透平压缩机代替了往复式压缩机；但"炉、机、塔"依然为关键设备。另如乙烯厂的原料气、乙烯、丙烯压缩机、超高压反应器等，则是乙烯厂的心脏设备。类似这样的设备为甲类设备。

（2）乙类设备。是工厂主要生产设备，但有备用设备。其重要性不及主要设备，且对全厂生产和安全影响不严重，其重要程度比甲类设备要差一些。乙类设备占全厂设备的 10% 左右。

在化工企业中，一般设备的重要性虽不及主要设备，但所占的比重较大，占 90% 左右。

（3）丙类设备。是运转设备或检修比较频繁的静止设备。如一般反应设备、换热器、机、泵设备等。另一种则属于结构比较简单，平时维护工作较少，检修也简单的设备，如高位槽、小型储槽等静止设备。前者列为丙类设备，后者则属于丁类设备。这种类别（等级）的划分，是为了便于管理，只能是相对的。是根据设备在企业经济地位中的重要性来衡量的，一般从事设备管理工作较久的人员，都能从感性认识出发，比较准确地划定其类别，或经过有关设备管理的三结合小组讨论评定，报企业生产（或设备）副厂长批准后执行。几年来原化工部和各省、市、自治区化工局，都对主要设备的划分标准作了一些规定，各厂也可参照执行。

2）据化工企业生产性质

可将使用设备分为 14 大类。

（1）炉类。包括加热炉（箱式、管式、圆筒式）、煤气（油）发生炉、干馏炉、裂解炉、一段转化炉、热载体炉、脱氢炉等。

（2）塔类。包括板式塔（即筛板、浮阀、泡罩）、填料塔、焦炭塔、干燥塔、冷却塔、造粒塔等。

（3）反应设备类。包括反应器（釜、塔）、聚合釜、加氢转化炉、二段转化炉、变换炉、氨（甲醇）合成塔、尿素合成塔。

（4）储罐类。包括金属储罐（桥架、无力矩、浮顶）、非金属储罐、球形储罐、气柜、各类容器。

（5）换热设备类。包括管壳式换热器、套管式换热器、水浸式换热器、喷淋式换热器、回转（蛇管）式换热器、板式换热器、板翅式换热器、管翅式换热器、废热锅炉等。

（6）化工机械类。包括真空过滤机、叶片过滤机、板式过滤机、搅拌机、干燥机、成型机、结晶机、挤条机、振动机、扒料机、包装机等。

（7）橡胶与塑料机械类。包括挤压脱水机、膨胀干燥机、水平输送机、振动提升机、螺杆输送机、混炼（捏）机、挤压机、切粒机、压块机、包装机等。

（8）化纤机械类。包括抽（纺）丝机、牵伸机、水洗机、柔软处理机、烘干机、卷曲机、卷绕（折叠）机、加捻机、牵切机、切断机、针梳机、打包机等。

（9）通用机械类。泵类，包括离心泵、往复泵、比例泵、齿轮泵、真空泵、螺杆泵、旋涡泵、刮板泵、屏蔽泵。压缩机，包括离心式压缩机、往复式压缩机、螺杆式压缩机、回转（刮板）式压缩机。鼓风机，包括离心式鼓风机、罗茨鼓风机、冰机。

（10）动力设备类。包括汽轮机、蒸汽机、内燃机、电动机（100kW 以上）、直流发电机、交流发电机、变压器（100 kV，A 以上）、开关柜。

（11）仪器、仪表类。包括测量仪表、控制仪表、电子计算机等。

（12）机修设备类。机床类，包括车床、铣床、镗床、刨床、插床、钻床（钻孔直径在 25 mm 以上）、齿轮加工机床、动平衡机等。化铁炉（0.5 吨以上）、炼钢炉（0.5 吨以上）、热处理炉、锻锤、压力机（或水压机）、卷板机、剪板机、电焊机等。

（13）起重运输和施工机械类。起重机，包括桥式起重机、汽车（轮胎）吊车、履带吊车、塔式吊车、龙门吊车、电动葫芦、皮带运输机、辐板车、插车、蒸汽机车、电动机车、内燃机车。汽车，包括载重汽车、三轮卡车、拖车、消防车、救护车、槽车、拖拉机、推土机、挖掘机、球磨机、粉碎机。

（14）其他类设备。前面各类中未包括进去的其他设备。

1.3.2 固定资产编号

在现代化企业中，固定资产的种类、数量很多，尤其是设备、管线、仪器仪表等，占的比重较大，而且同类设备也较多，因此，应对这些固定资产进行编号。编号的方法应力求科学、直观、简便、便于统一管理，又应减少文字说明提高工作效率。目前一些单位已运用电子计算机来汇总、存储设备技术档案等，不久将会在企业中全面采用。

一、设备编号法

1. 设备编号的基本形式

设备编号的基本形式为：□□××××

以上编号中，第一组是一个或几个英文字母或拼音字母，代表不同类别的设备。第二组是数字，其中第一位数字代表装置（或车间）；第二位数字代表工号（或工段）；后两位数字代表设备位号，是按同一类型（即用同一字母命名的）设备，按工艺顺序来编排。推荐使用表1-2或表1-3的表示方法，企业可根据本厂情况自行编制代号表。

表1-2　设备代号一览表（一）

代号	主机类别	代号	主机类别
F	反应设备	Q	起重机械
T	塔器	Y	运输机械
L	化工炉类	C	车辆船舶
H	热交换器	X	机修设备（金属加工、铸造锻造、焊接机械）
G	储罐	G_F	锅炉、发电设备
G_L	过滤设备	D	电器
G_Z	干燥设备	S	理化实验设备
J	压缩机	Q_T	其他设备
B	各种泵	B	变速机（包括增减机）
P	破碎机械	M	电动机

注：① 表中除电动机外，均为拼音字母。
　　② 其他未用字母可供企业选用，选定后说明其代表意义。

表1-3　设备代号一览表（二）

代　号	主机类别	代　号	主机类别
A		S	
B	造粒塔	T	槽、池
C	反应塔	XT	某设备用透平机
D	分离器、变换炉、槽	U	
E	热交换器、冷却器	V	阀门
F	工业炉（有燃烧器的）	AV	自控阀门，自动调节阀
G	各类泵	W	
H	锅炉	WB	皮带运输机
I		WD	包装机
J	喷射器、搅拌器	WH	扒料机
K	离心式鼓风机、压缩机	WJ	振动筛
L		WK	热合机
M	电动机（紧跟工艺设备字后）	WT	卸料车，料斗
N		WZ	推袋机
O		Z	造粒机
P	供企业选用	TR	变压器
Q		SG	开关柜
R			

　　第二组四位数字的第一位数为装置或车间代号，各厂根据本厂装置或车间数给装置或车间编一个号，当单位超过十个，则需增加一位数，或按生产系统（如氯碱、氯气、农药、聚氯乙烯、其他产品、机修系统、动力系统等）来编，可以减少第一位数不足的困难。现以年产30万吨合成氨、48万吨尿素的某化肥厂为例，对这种编号法予以说明。

　　该厂分为制氨、尿素、辅助、尿素储存与包装等4个装置。其装置编号第一位数分别是：1—制氨装置，2—尿素装置，3—尿素储存及包装，4—辅助装置。

另外，尚有氨储存装置，由于设备很少，作为工号来安排。

第二位数工号（或工段号），基本按流程顺序和行政划分的工序或工段依次编排，一般不会超过 9 个工序。如该合成氨厂，制氨装置（代号为 1）的工号：1100—石脑油预脱硫及最终脱硫工号；1200—转化工号；1300——氧化碳变换工号；1400—脱二氧化碳及甲烷工号；1500—氨合成工号；1600—氨吸收工号。尿素装置（代号为 2）的工号：2100—原料供应系统工号；2200—尿素合成工号；2300—低压部分工号；2400—蒸发工号；2500—造粒系统工号；2600—氨水系统工号；2700—蒸汽及公用工程系统工号。

辅助装置（代号为 9，如锅炉及水处理等）。

9100—辅助锅炉系统；9200—给水处理系统；9300—仪表空气生产系统；9400—水冷却塔系统；9500—惰性气体系统。

第二组后二位数为位号，即设备位置代号，仍以该合成氨厂为例。

C1101 为制氨装置脱硫工号塔类设备中的第一台设备：H_2S 汽提塔。

F1201 为制氨装置转化工号炉类设备中的第一台设备：一段转化炉。

K1501 为制氨装置氨合成工号压缩机类设备中的第一台设备：合成气压缩机。

XT1501 为合成气压缩机的蒸汽透平机（为压缩机的原动机）。

G2101 为尿素装置原料系统泵类设备中的第一台设备：高压氨泵。

D9205 为辅助装置给水处理系统分离器类中的第五台设备：双床层式阴离子交换器等。

电器设备的编号，属于生产装置的电动机，一律以 M 为代表，置于主机编号英文字冠的后面，编号与设备完全相同。如 GM2101，为高压氨泵电动机（高压氨泵的编号为 G2101）。其他电器设备，如变、配电所内的变压器与开关柜，则与辅助装置编号方法相同。

2. 设备编号中应遵循的原则

（1）每一个设备编号，只代表一台设备。在一个企业中，不允许有两台设备采用一个编号（说明：字母加数字构成一个完整编号，出现同样数字的编号是允许的）。

（2）编号要明确反映设备类型，如工业炉、热交换器、聚合釜或压缩机等。

（3）能明确反映设备所属装置及所在位置。

（4）编号的起始点应是原料进入处，结尾点应是半成品或成品出口处。

（5）同型号设备的编号，同样按工艺顺序编排。即同型号设备编号的数字部分是不一样的，与习惯做法不同。其顺序应明确规定：由东向西（设备东西排列时），或由南向北（当设备南北排列时）。

（6）编号应尽量精简，数字位数与符号应尽量简单而少。例如：当一套装置或车间设备总台数少于 100 台时，就可采用不分工号（工段）、不分类别的大排号，这样装置虽多于10 个，仍可用四位数表示，这时如装置数在 10 个以内，则有三位数即可表达。但一个企业的编号原则和方法应一致。当全厂设备编号后，应编制出全厂统一的设备一览表，并应保持稳定。如果设备调出或报废，发生空号，可在设备档案或一览表中注明。若新增设备，则可以新增编号或填补空号。

二、管道编号法

一般石化企业管道较多，尤其大型化工厂，装置的管道都比较多，往往形成管道走廊（通称管廊）。大、中型老企业的外管道也基本集中在管廊上。为加强对外管道（包括装置内的管廊）的管理，防止出现差错，影响生产等，管道应该编号。

1. 管道编号前，应具备下列条件

（1）管道内的介质用管外（除保温、保冷层外）的涂色表示清楚。

（2）管架支柱从始端至末端，都要编号，并在支柱离地面 1.7m 左右标码。管道纵横交叉较多的厂，其支柱号码前要冠以特定文字。

2. 外管道（厂区公用管道）按下列原则进行编号

（1）先编外厂供应的管道。面对外部输入本厂的第一个管道支架，按从东到西或从南到北的顺序进行编号，不加字冠，即以 01、02、03…往后排列即可。

（2）如管道架上分上下多层铺设时，则先编上层管道，再编下层管道。如上列为 01、02、03、04；下列为 05、06、07、08 等类推。

（3）外厂供应的管道编完后，留下一定量的空号，再进行本厂外管道的编号。对无管廊的老厂，则应从该管道输送介质的起始点起，从原料加工开始，对化工管道进行编号，直到输出成品的管道为止。对多种原料的化工企业，按化工工艺流程的先后顺序进行编号。

工艺管道编完后，留一定量空号，再进行水、汽、压缩空气等管道编号，将所有外管道全部编完为止。

（4）对有管廊的新老企业，则选择管道走廊上最密集的管架位置，标定该处支柱号码为管道编号基准点，然后面向管道中介质来的方向，进行对管架上的管道编号。仍按上面的（1）、（2）项原则进行编号。对未经该处的管道，进行后续编号。此法不分工艺管道与水、汽等管道，一律按顺序编定。编定后编制外管道编号登记一览表，其内容除管道编号、管道输送介质、管道尺寸、材质等，还必须列明每根外管道的起始点与终点及其总长度。如其上有阀门时还必须注明有几个阀门、型号、规格，并对阀门也进行顺序编号。此顺序从介质送出点开始，往后排列，如 $01-V_1$（V 代表阀门）、$01-V_2$ 等，即代表第一根管线的第一个和第二个阀门。

另外，对于仪表也应编号，此处不再叙述。

1.3.3　设备管理资料

1. 设备卡片

新增加的设备，需填写设备（固定资产）卡片两份，由机动部门和车间各存一份。其格式参见表 1-4。

表 1-4　固定资产卡片

单位_____

规格型号		主机原值		数量	
生产能力		主机折旧		材质	
使用及耐用年限		主机单重		制造厂	
辅机位号	名称	规模型号	数量	速比	辅机原值	折旧额
总卡号：		设备位号：		设备名称：		原总值：

2. 设备技术特性一览表

新增加的设备，还需填写设备技术特性一览表，其格式参见表1-5。

表1-5 设备技术特性一览表

车间_____ 　　　　　　　　　　　　　　　　　　　　　　　　　　　　　年 月 日

序号	位号	卡号	设备名称	安装台数	备用台数	型号规格或技术性能	外形尺寸（长×宽×高）	主要材质	质量/kg		操作条件		电动机		减速机			传动装置型式	开始使用日期	使用寿命/年	设备价值/千元	备注
									单重	台重	介质	温度/℃	压力/MPa	型号	功率/kW	转速/(r/min)	型号	速比					
1																							
2																							
3																							
4																							
⋮																							
⋮																							
⋮																							

车间设备主任：_____ 　　车间设备员：_____ 　　　　填表人：_____

3. 设备技术档案

它是设备从进厂到报废为止各种事件记录和有关维护检修技术条件的记载。应齐全、准确，以反映出该设备的真实情况来指导实际工作。一套比较完整的化工厂设备档案格式，除常规管理内容资料如表1-6～表1-22所示外，应根据设备类型，按照相关的法规、使用规则、检验规则等要求建立相应档案资料，如一台压力容器，档案中还应有使用管理、监督检验资料：如特种设备使用登记证（表1-23 TSG R5002—2013）、特种设备使用登记表（表1-24 TSG R5002—2013）、压力容器年度检查报告（表1-25～表1-27 TSG R5002—2013）、压力容器定期检验报告（表1-28～表1-30 TSG R7001—2013）等。此外还应包括设计资料、制造（含现场组焊）资料、压力容器安装竣工资料、改造或者重大维修资料等。

表1-6 设备技术档案封面

××××化工厂设备技术档案

设备名称_____
设备位号_____
图纸号_____
资产编号_____
所属车间_____

表 1-7 设备概况

主机

序号	项目	内容	备注
1	型号规格		
2	材质		
3	制造厂		
4	安装日期		
5	投产日期		
6	使用年限		
7	原值		
8	资产编号		
9	计划大修周期		
10	总重		
11	图纸号		
12	底图号		

辅机

序号	项目	内容	备注
1	名称		
2	规格型号		
3	位号		
4	制造厂		
5	安装日期		
6	投产日期		
7	材质		
8	图号		
9	底图号		

表 1-8 运转设备设计基础

介质名称	
温度/℃	
密度/（kg/m^3）	
黏度/（Pa·s）	
流量/（m^3/h）	

续表

介质名称	
扬程/m	
转速/（r·min⁻¹）	
法兰口径/mm	
轴封型式	
轴功率/kW	
效率/%	
润滑方式	
润滑油（脂）	
质量	
电动机	
规格型号	
极数×转速	
输出功率	
电源	
质量	
水压试验（表压）/MPa	
气压试验（表压）/MPa	
运转性能试验	
特殊试验	

表 1-9 化工设备设计基础

条 件	单 位	本 体	夹 套	蛇 管
流体				
流量	m³/h			
密度	kg/m³			
黏度	Pa·s			
常用温度	℃			
常用压力（表压）	MPa			
传热面积	m²			
空间速度	m/s			
汽液比	m³/m³			
入蒸汽量	kg/h			

续表

条　件	单　位	本　体	夹　套	蛇　管
入流体量	kg/h			
放出蒸汽量	kg/h			
放出流体量	kg/h			
比热容	KJ/（kg·℃）			
潜热	KJ/kg			
流体总数				
并流枚数				
交换热量	KJ/h			
总传热系数	W/（m^2·℃）			
平均对数温度	℃			
流速	m/s			
循环液				

表 1-10　化工设备设计条件

条　件	单　位	本　体	夹　套	蛇　管
设计温度	℃			
设计压力（表压）	MPa			
腐蚀数量	mm			
焊接系数				
地震系数				
风压	MPa			
热处理		要否		
绝热		要否		
涂饰		要否		
适用标准				
适用技术条件				
安装条件		室内、室外		自定、构架
检　查				
项　目	单　位	本　体	夹　套	蛇　管
水压试验（表压）	MPa			
气压试验（表压）	MPa			

续表

条 件	单 位	本 体	夹 套	蛇 管
运转性能试验				
特殊实验				

表 1-11　化工设备技术特性

	单 位	规 格	数 量	材 质	备 注
直径×高					
填充高度					
填充物及规格					
多孔板数					
塔盘数					
泡罩数					
泡罩形式					
浮动喷射板数					
悬浮板数					
浮阀数					
列管规格					
列管数					

表 1-12　设备易损件备件一览表

备件名称	规格型号	材质	数量	储备定额	图号	制造厂

表 1-13　设备润滑卡片

润滑油规格与牌号				
设计牌号		酸值		
代用牌号（冬季）		凝点		
黏度		抗乳化度		
闪电		机械杂质		
润滑点位置				
润滑点编号	部位	油品牌号	润滑方式	加油方法

表1-14　设备检修定额及检修内容

设备检修定额						
检修间隔期			检修耗用时间			检修定额审定日期
小修	中修	大修	小修	中修	大修	
修理内容						

表1-15　设备运行、检修情况

年度	类别	月　份												合计/h	运转率/%
		1	2	3	4	5	6	7	8	9	10	11	12		

表1-16　设备技术状况表

年度	月　份												备注
	1	2	3	4	5	6	7	8	9	10	11	12	

表1-17　设备大中修时间及大修费记录

年度	类别	月　份												大修完成率/%	中修完成率/%
		1	2	3	4	5	6	7	8	9	10	11	12		
	大中修														
	费用														

表1-18　设备事故登记表

发生时间			事故类别	事故经过、原因及损坏情况	责任者	损失价值			事故教训及措施	修复时间
年	月	日				减产损失	修理费	合计		

表1-19　设备缺陷及隐患记录

设备代号		设备代号	
检查日期	存在缺陷及隐患		处理情况

表1-20　设备更新改造记录

时间	部位	更新改造记录（型式、尺寸及材质等）		技术经济效果	批准单位与记录人
		更新前	更新后		

表 1–21　检修简要记录

日期		修理类别	检修内容（包括项目、原因及发现问题）
年	月		

表 1–22　安装、移装及报废记录

序号	使用单位	安装日期	变更原因	变更单号	备　注

4. 全厂设备状况

指全厂设备的完好率、泄漏记录和主要设备运行、检修及备用时间记录。

表 1–23　特种设备使用登记证（式样）（引自 TSG R5002—2013）

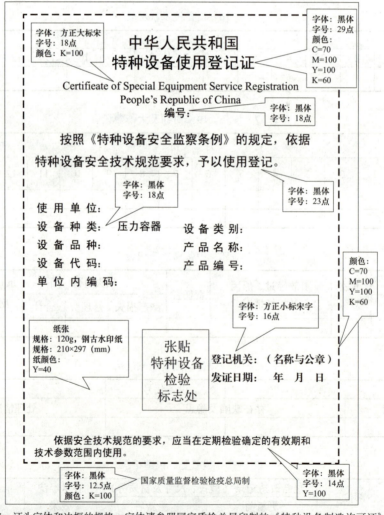

注：纸张规格、证头字体和边框的规格、字体请参照国家质检总局印制的《特种设备制造许可证》的格式印制，颜色和字号按照本附件；其他内容（包括编号）字体，由登记机关采用计算机打印，字体、字号按照其标注。本注不印制。

表 1-24 特种设备使用登记表（引自 TSG R5002—2013）

设备基本情况	设备种类	压力容器	设备类别	
	设备品种		产品名称	
	设备代码		设备型号	
	压力容器品种		主体结构型式	
	设计使用年限		固定资产值	万元
设备使用情况	使用单位名称			
	使用单位地址			
	组织机构代码		邮政编码	
	单位性质		所属行业	
	法定代表人		安全管理部门	
	安全管理人员		联系电话	
	单位内编号		设备使用地点	
	使用场所类别		设备地理信息 经度	
	运行状态		纬度	
	投入使用日期	年 月 日	海拔高度	
	产权单位名称			
	组织机构代码		联系电话	
	单位性质		所属行业	
设备制造与监检情况	制造单位名称			
	制造许可证编号		产品编号	
	制造日期		产品合格证编号	
	设计单位名称			
	设计许可证编号		产品图号	
	型式试验机构			
	试验机构核准证编号		型式试验证书编号	
	制造监检机构			
	监检机构核准证编号		制造监检证书编号	
设备施工情况	施工单位名称			
	施工许可证编号		施工类别	
	施工告知日期		施工竣工日期	

续表

设备工作参数	工作压力		工作温度	
	介质		充装量/额定人数	
设备保险情况	保险机构			
	保险险种		保险价值	万元
	保险费	万元	保险金额	万元
设备变更情况	变更项目	变更类别	变更原因	变更日期
设备检验情况	检验机构			
	组织机构代码		检验类别	
	检验日期		检验结论	
	检验报告编号		下次检验日期	

在此声明：所申报的内容真实；在使用过程中，将严格执行《特种设备安全监察条例》及其相关规定，并接受特种设备安全管理部门的监督管理。

附：产品数据表

使用单位填表人员：　　　　　　日期：　　　　　　使用单位（公章）

使用单位安全管理人员：　　　　日期：　　　　　　年　月　日

首次定期检验日期：　　年　月　日

说明：

登记机关登记人员：　　　　　　日期：　　　　　　登记机关（专用章）

　　　　　　　　　　　　　　　　　　　　　　　　　　　　年　月　日

安全状况等级：　　　　　监管类别：　　　　使得登记编号：

表 1-25　压力容器年度检查报告（引自 TSG R5002—2013）

压力容器年度检查报告

报告编号：

设备品种：＿＿＿＿＿＿＿＿＿＿＿＿

产品名称：＿＿＿＿＿＿＿＿＿＿＿＿

设备代码：＿＿＿＿＿＿＿＿＿＿＿＿

单位内编号：＿＿＿＿＿＿＿＿＿＿

使用单位：＿＿＿＿＿＿＿＿＿＿＿＿

检查日期：＿＿＿＿＿＿＿＿＿＿＿＿

（检查单位名称）

表 1-26　压力容器年度检查结论报告

报告编号：

设备品种		产品名称	
设备代码		设备型号	
使用登记证编号		单位内编号	
使用单位名称			
设备使用地点			
安全管理人员		联系电话	
安全状况等级		下次定期检查日期	

检查结论	（压力容器使用管理规则）			
问题及其处理	检查发现的缺陷位置，性质、程度及处理意见（必要时附图或者附页）			
检查结论	（符合要求、基本符合要求、不符合要求）	允许（监控）使用参数		
		压力	MPa	温度 ℃
		介质		
	下次年度检查日期：　　年　　月			
说明	（监控运行需要解决的问题及完成期限）			
	检查：　　　　　日期：		（检查单位章）年　月　日	
	审核：　　　　　日期：			
	审批：　　　　　日期：			

共　页　第　页

表 1-27　压力容器年度检查报告附页（引自 TSG R5002—2013）

报告编号：

序号		检查项目	检查结果	备注
1	安全管理	安全管理制度、安全操作规程		
2		设计、制造、安装、改造、维修等资料		
3		使用登记表、使用登记证		
4		作业人员持证情况		
5		日常维护保养、运行、定期安全检查记录		
6		年度检查、定期检查报告及问题处理情况		
7		安全附件校验、修理和更换记录		
8		移动是压力容器装卸记录		
9		应急预案和演练记录		
10		压力容器事故、故障情况记录		
11	容器本体及运行情况	铭牌、漆色、标志和使用登记证编号的标注		
12		本体、接口（阀门、管路）部位、焊接接头缺陷情况检查		
13		外表面腐蚀、结霜、结露情况检查		
		隔热层检查		
14		检漏孔、信号孔检查		
15		压力容器与相邻管道或者构件异常振动、响声或者相互摩擦情况检查		
16				
17		支承或者支座、基础、坚固螺栓接查		
18		运行期间超压、超温、超量等情况检查		
19		接地装置检查		
20		监控和措施是否有效实施情况检查		
21		快开门式压力容器安全联锁功能检查		
22		压力表		
23	安全附件	液位计		
24		测温仪表		
25		爆破片装置		
26		安全阀		
27		易熔塞		
28		导静电装置		
29		紧急切断装置		
30				

续表

序号		检查项目	检查结果	备注
	专项 要求			

注：（1）专项要求检查项目与内容按照《压力容器使用管理规则》附件 E、附件 F 确定。

（2）本表是压力容器年度检查的基本要求，使用单位可以根据本单位压力容器使用特性增加和调整有关检查项目。

（3）无问题或者合格的检查项目在检查结果栏打"√"；有问题或者不合格的检查项目在检查结果栏打"×"，并且在备注中说明；实际没有的检查项目在检查结果栏填写"无此项"，或者按照实际的检查项目编制；无法检查的项目在检查结果栏中划"—"，并且在备注栏中说明原因。

［（1）、（2）项注实际不印制，（3）印制时，可以删除项目（3）］

共 页 第 页

表 1-28 压力容器定期检验报告（引自 TSG R7001—2013）

报告编号：

压力容器定期检验报告

设备品种：_____

设备代码：_____

使用单位：_____

单位内编号：_____

检验类别：（首次、定期检验）

检验日期：_____

（印制检验机构名称）

注意事项

1. 本报告为依据《压力容器定期检验规则》（TSG R7001）对在用压力容器进行定期检验的结论报告，检验结论代表该压力容器在检验时的安全状况。

2. 本报告应当有计算机打印输出，或者用钢笔、签字笔填写，字迹要工整，涂改无效。

3. 结论报告无编制、审核、批准人员等签字，以及检验机构核准证号、检验专用或者公章无效。

4. 本报告一式两份，有检验机构和使用单位分别保存。

5. 收检单位对本报告结论如有异议，请在收到报告即日起 15 日内，向检验机构提出书面意见。

检验机构地址：

邮政编码：

联系电话：

电子邮件：

表 1-29　压力容器定期检验报告目录（引自 TSG R7001—2013）

报告编号：

序号	检验项目	页码	附页、附图
1	压力容器定期检验结论报告		
2	压力容器资料审查报告		
3	压力容器宏观检验报告		
4	壁厚测定报告		
5	壁厚校核报告		
6	射线检验报告		
7	超声检验报告		
8	衍射时差法（TOFD）超声检测报告		
9	磁粉检测报告		
10	渗透检测报告		
11	声发射检测报告		
1	材料成分分析报告		
13	硬度检测报告		
14	金相分析报告		
15	安全附件检验报告		
16	耐压试验报告		
17	气密性实验报告		
18	氨检测试验报告		
19	氨、卤素检漏试验报告		
20	附加检验报告		

表1-30　压力容器定期检验报告（引自 TSG R7001——2013）　报告编号：

设备名称		检验类别	（首次、定期检验）
容器类别		设备代码	
单位内编号		使用登记证编号	
制造单位			
安装单位			
使用单位			
使用单位地址			
设备使用地点			
使用单位组织机构代码		邮政编号	
安全管理人员		联系电话	
设计使用年限		投入使用日期	
主体结构形式		运行状态	

性能参数	容积	M³	内径	mm
	设计压力	MPa	设计温度	℃
	使用压力	MPa	使用温度	℃
	工作介质			

检验依据	《固定式压力容器安全技术监察规程》（TSG R0004） 《压力容器定期检查规则》（TSG R7001）

问题及其处理	【检验发现的缺陷位置、性质、程度及处理意见（必要时附图或者附页，也可以直接注明及件某单项报告）】

检验结论	压力容器的安全状况等级评为　级			
	（符合要求、基本符合、不符合要求）	允许（监控）使用参数		
		压力	MPa	温度　℃
		介质		其他
	下次定期检验日期：　年　月			

说明	（包括变更情况）

检验人员：

编制：	日期：	检验机构核准证号
审核：	日期：	（检验机构检验专用章或公章）
批准：	日期：	年　月　日

1.3.4　各种定额及检修记录

（1）主要设备计划检修资料。如按检修间隔期制定的大、中、小检修周期，各类检修内容，以及参加检修各工种的工时定额。

（2）逐步完善检修有关规程。

（3）备品配件定额：储备定额与消耗定额。

（4）零配件加工、专用设备加工的工时定额。

（5）检修记录。检修记录分两种类型，一种是主要设备的检修记录。应按照不同设备技术性能，制定不同的检修记录表格。表1-21就是某厂合成乙炔鼓风机的检修记录表格样式。而另一种是用于一般设备，即丙、丁两级设备所采用的通用修理卡片，见表1-23。

1.3.5　动力管理

（1）水、电、汽、冷冻等项动力资源的生产能力核算及实际生产量统计表。

（2）主要产品的各种动力消耗定额及实际单耗统计表（定额由生产技术部门提供）。

（3）月动力消耗分析、年动力消耗分析统计表。

1.3.6　图纸资料：规章制度、人员及装备分布图表

1. 图纸资料

易损零件图应按备件目录备齐，并确保准确性。主要设备均应有较为齐全的总图与零部件图；化工专用设备应选用标准设计图，向标准化、系列化、通用化迈进。

全厂总平面布置图。

地下管网、电缆等隐蔽工程图。

厂区管廊图。

2. 各项规章制度

一般应建立的规章制度有：设备管理责任制度；设备维修保养制度；设备计划检修制度；设备技术档案管理制度；设备润滑管理制度；压力容器管理制度；设备防腐蚀管理制度；设备密封管理制度；设备检查评级管理制度；设备事故管理制度；固定资产管理制度；动力管理制度；备品配件管理制度；仪表管理制度；机械加工管理制度；动火管理制度；建筑物、构筑物、设备基础管理制度；技术革新、技术培训管理制度等。

除以上主要管理制度外，各企业可根据需要，制定有关设备管理的方法、规程、规定与要求。

3. 人员及装备分布图表

应包括全厂设备管理及检修人员的分布情况图表和各辅助车间的技术装备及能力图表。

1.4　设备管理的内容

1.4.1　设备的技术管理

技术管理是指企业有关生产技术组织与管理工作的总称。

技术管理的内容包括：

一、设备的前期管理

设备前期管理又称设备规划工程，是指从制定设备规划方案起到设备投产止这一阶段全部活动的管理工作，包括设备的规划决策、外购设备的选型采购和自制设备的设计制造，设备的安装调试和设备使用的初期管理四个环节。其主要研究内容包括：设备规划方案的调研、制定、论证和决策；设备货源调查及市场情报的搜集、整理与分析；设备投资计划及费用预算的编制与实施程序的确定；自制设备的设计方案的选择和制造；外购设备的选型、订货及合同管理；设备的开箱检查、安装、调试运转、验收与投产使用，设备初期使用的分析，评价和信息反馈等。做好设备的前期管理工作，为进行设备投产后的使用、维修、更新改造等管理工作奠定了基础，创造了条件。

二、设备资产管理

设备的资产管理是一项重要的基础管理工作，是对设备运动过程中的实物形态和价值形态的某些规律进行分析、控制和实施管理。由于设备资产管理涉及面比较广，应实行"一把手"工程，通过设备管理部门、设备使用部门和财务部门的共同努力，互相配合，做好这一工作。

当前，企业设备资产管理工作的主要内容有如下几方面：

（1）保证设备固定资产的实物形态完整和完好，并能正常维护、正确使用和有效利用；

（2）保证固定资产的价值形态清楚、完整和正确无误，及时做好固定资产清理、核算和评估等工作；

（3）重视提高设备利用率与设备资产经营效益，确保资产的保值增值；

（4）强化设备资产动态管理的理念，使企业设备资产保持高效运行状态；

（5）积极参与设备及设备市场交易，调整企业设备存量资产，促进全社会设备资源的优化配置和有效运行；

（6）完善企业资产产权管理机制。在企业经营活动中，企业不得使资产及其权益遭受损失。企业资产如发生产权变动时，应进行设备的技术鉴定和资产评估。

三、设备状态监测管理

1. 设备状态监测的概念

对运转中的设备整体或其零部件的技术状态进行检查鉴定，以判断其运转是否正常，有无异常与劣化征兆，或对异常情况进行追踪，预测其劣化趋势，确定其劣化及磨损程度等，这种活动就称为状态监测（Condition Monitoring）。状态监测的目的在于掌握设备发生故障之前的异常征兆与劣化信息，以便事前采取针对性措施控制和防止故障发生，从而减少故障停机时间与停机损失，降低维修费用和提高设备有效利用率。

对于在使用状态下的设备进行不停机或在线监测，能够确切掌握设备的实际特性，有助于判定需要修复或更换的零部件和元器件，充分利用设备和零件的潜力，避免过剩维修，节约维修费用，减少停机损失。特别是对自动线程式、流水式生产线或复杂的关键设备来说，意义更为突出。

2. 状态监测与定期检查的区别

设备的定期检查是针对实施预防维修的生产设备在一定时期内所进行的较为全面的一般性检查，间隔时间较长（多在半年以上），检查方法一般靠主观感觉与经验，目的在于保持设备的规定性能和正常运转。而状态监测是以关键的重要的设备（如生产联动线、精密、大型、稀有设备、动力设备等）为主要对象，检测范围较定期检查小，要使用专门的检测仪器针对事先确定的监测点进行间断或连续的监测检查，目的在于定量地掌握设备的异常征兆和劣化的动态参数，判断设备的技术状态及损伤部位和原因，以决定相应的维修措施。

设备状态监测是设备诊断技术的具体实施，是一种掌握设备动态特性的检查技术。它包括了各种主要的非破坏性检查技术，如振动理论、噪声控制、振动监测、应力监测、腐蚀监测、泄漏监测、温度监测、磨粒测试、光谱分析及其他各种物理监测技术等。

设备状态监测是实施设备状态维修（Condition Based Maintenance）的基础，状态维修根据设备检查与状态监测结果，确定设备的维修方式。所以，实行设备状态监测与状态维修的优点有：

（1）减少因机械故障引起的灾害；

（2）增加设备运转时间；

（3）减少维修时间；

（4）提高生产效率；

（5）提高产品质量和服务质量。

设备技术状态是否正常，有无异常征兆或故障出现，可根据监测所取得的设备动态参数（温度、振动、应力等）与缺陷状况，与标准状态进行对照加以鉴别，见表1-31。

表1-31　设备状态的一般标准

设备状态	部件			设备性能
	应力	性能	缺陷状态	
正常	在允许值内	满足规定	微小缺陷	满足规定
异常	超过允许值	部分降低	缺陷扩大（如噪声、振动增大）	接近规定，一部分降低
故障	达到破坏值	达不到规定	破损	达不到规定

3. 设备状态监测的分类与工作程序

设备状态监测按其监测的对象和状态量划分，可分为两方面的监测：

1）机器设备的状态监测

是指监测设备的运行状态，如监测设备的振动、温度、油压、油质劣化、泄漏等情况。

2）生产过程的状态监测

是指监测由几个因素构成的生产过程的状态，如监测产品质量、流量、成分、温度或工艺参数等。

上述两方面的状态监测是相互关联的。例如生产过程发生异常，将会发现设备的异常或导致设备的故障；反之，往往由于设备运行状态发生异常，出现生产过程的异常。

设备状态监测按监测手段划分，可分为两种类型的监测：

1）主观型状态监测

即由设备维修或检测人员凭感官感觉和技术经验对设备的技术状态进行检查和判断。这是目前在设备状态监测中使用较为普及的一种监测方法。由于这种方法依靠的是人的主观感觉和经验、技能，要准确的做出判断难度较大，因此必须重视对检测维修人员进行技术培训，编制各种检查指导书，绘制不同状态比较图，以提高主观检测的可靠程度。

2）客观型状态监测

即由设备维修或检测人员利用各种监测器械和仪表，直接对设备的关键部位进行定期、间断或连续监测，以获得设备技术状态（如磨损、温度、振动、噪声、压力等）变化的图像、参数等确切信息。这是一种能精确测定劣化数据和故障信息的方法。

当系统地实施状态监测时，应尽可能采用客观监测法。在一般情况下，使用一些简易方法是可以达到客观监测的效果的。但是，为能在不停机和不拆卸设备的情况下取得精确的检测参数和信息，就需要购买一些专门的检测仪器和装置，其中有些仪器装置的价值比较昂贵。因此，在选择监测方法时，必须从技术与经济两个方面进行综合考虑，既要能不停机地迅速取得正确可靠的信息，又必须经济合理。这就要将购买仪器装置所需费用同故障停机造成的总损失加以比较，来确定应当选择何种监测方法。一般地说，对以下四种设备应考虑采用客观监测方法：发生故障时对整个系统影响大的设备，特别是自动化流水生产线和联动设备；必须确保安全性能的设备，如动能设备；价格昂贵的精密、大型、重型、稀有设备；故障停机修理费用及停机损失大的设备。

四、设备安全环保管理

设备使用过程中不可避免地会出现以下问题：

（1）废水、废液：如油、污浊物、重金属类废液，此外还有温度较高的冷却排水等；

（2）噪声：泵、空气压缩机、空冷式热交换器、鼓风机，以及其他直接生产设备、运输设备等所发生的噪声；

（3）振动：空气压缩机、鼓风机以及其他直接生产设备等所产生的各种振动；

（4）恶臭：产品的生产、储存、运输等环节泄漏出少量有臭物质；

（5）工业废弃物：比如金属切屑。

这些问题处理不好会影响到企业环境和正常生产，因此在设备管理过程中必须考虑到设备使用的安全环保问题，确定相应处理措施，配备处理设备，同时还要维修保养好这些设备，将其看作生产系统的一部分，进行管理。

五、设备润滑管理

将具有润滑性能的物质施入在机器中做相对运动的零件的接触表面上，是一种用以减少接触表面的摩擦，降低磨损的技术方式，用此方法为设备润滑，施入机器零件摩擦表面上的润滑剂，能够牢牢地吸附在摩擦表面上，并形成一种润滑油膜。这种油膜与零件的摩擦表面结合得很强，因而两个摩擦表面能够被润滑剂有效地隔开。这样，零件间接触表面的摩擦就变为润滑剂本身的分子间的摩擦，从而起到降低摩擦、磨损的作用。设备润滑是防止和延缓零件磨损和其他形式损坏的重要手段之一，润滑管理是设备工程的重要内容之一。加强设备的润滑管理工作，并把它建立在科学管理的基础上，对保证企业的均衡生产、保证设备完好并充分发挥设备效能、减少设备事故和故障、提高企业经济效益和社会效益都有着极其重要的意义。因此，搞好设备的润滑工作是企业设备管理中不可忽视的环节。

润滑的作用一般可归结为：控制摩擦、减少磨损、降温冷却、可防止摩擦面锈蚀、冲洗、密封、减振等作用。润滑的这些作用是互相依存、互相影响的。如不能有效地减少摩擦和磨损，就会产生大量的摩擦热，迅速破坏摩擦表面和润滑介质本身，这就是摩擦时缺油会出现润滑故障的原因。必须根据摩擦副的工作条件和作用性质，选用适当润滑材料；根据摩擦副的工作条件和性质，确定正确的润滑方式和润滑方法，设计合理的润滑装置和润滑系统；严格保持润滑剂和润滑部位的清洁；保证供给适量的润滑剂，防止缺油及漏油；适时清洗换油，既保证润滑又要节省润滑材料。

为保证上述要求，必须搞好润滑管理。

1. 润滑管理的目的和任务

控制设备摩擦、减少和消除设备磨损的一系列技术方法和组织方法，称为设备润滑管理，其目的是：给设备以正确润滑，减少和消除设备磨损，延长设备使用寿命；保证设备正常运转，防止发生设备事故和降低设备性能；减少摩擦阻力，降低动能消耗；提高设备的生产效率和产品加工精度，保证企业获得良好的经济效果；合理润滑，节约用油，避免浪费。

2. 润滑管理的基本任务

建立设备润滑管理制度和工作细则，拟订润滑工作人员的职责；搜集润滑技术、管理资料，建立润滑技术档案，编制润滑卡片，指导操作工和专职润滑工搞好润滑工作；核定单台设备润滑材料及其消耗定额，及时编制润滑材料计划；检查润滑材料的采购质量，做好润滑材料进库、保管、发放的工作；编制设备定期换油计划，并做好废油的回收、利用工作；检查设备润滑情况，及时解决存在的问题，更换缺损的润滑元件、装置、加油工具和用具，改进润滑方法；采取积极措施，防止和治理设备漏油；做好有关人员的技术培训工作，提高润滑技术水平；贯彻润滑的"五定"原则：即定人（定人加油）、定时（定时换油）、定点（定点给油）、定质（定质进油）、定量（定量用油），总结推广和学习应用先进的润滑技术和经验，以实现科学管理。

六、设备维修管理

设备维修管理工作有以下主要内容：

（1）设备维修用技术资料管理；

（2）编制设备维修用技术文件。主要包括：维修技术任务书、修换件明细表、材料明细表、修理工艺规程及维修质量标准等；

（3）制定磨损零件修、换标准；

（4）在设备维修中，推广有关新技术、新材料、新工艺，提高维修技术水平；

（5）设备维修用量、检具的管理等。

七、设备备件管理

1. 备件的技术管理

备件的技术管理包括技术基础资料的收集与技术定额的制定，具体为：备件图纸的收集、测绘、整理、备件图册的编制；各类备件统计卡片和储备定额等基础资料的设计、编制及备件卡的编制工作。

2. 备件的计划管理

备件的计划管理指备件由提出自制计划或外协、外购计划到备件入库这一阶段的工作，可分为：年、季、月自制备件计划；外购备件年度及分批计划；铸、锻毛坯件的需要量申请、制造计划；备件零星采购和加工计划；备件的修复计划。

3. 备件库房管理

备件的库房管理指从备件入库到发出这一阶段的库存控制和管理工作。包括：备件入库时的质量检查、清洗、涂油防锈、包装、登记上卡、上架存放；备件收、发及库房的清洁与安全；订货点与库存量的控制；备件的消耗量、资金占用额、资金周转率的统计分析和控制；备件质量信息的搜集等。

4. 备件的经济管理

备件的经济管理包括备件的经济核算与统计分析，具体为：备件库存资金的核定、出入库账目的管理、备件成本的审定、备件消耗统计和备件各项经济指标的统计分析等。经济管理应贯穿于备件管理的全过程，同时应根据各项经济指标的统计分析结果来衡量检查备件管理工作的质量和水平，总结经验，改进工作。

备件管理机构的设置和人员配置，与企业的规模、性质有关，机构应尽可能精简，人员数量尽可能少。一般机械行业备件管理机构的设置和人员配置情况见表1-32。在备件逐步走入专业化生产和集中供应的情况下，企业备件管理人员的工作重点应是科学、及时地掌握市场供应信息，并降低备件储备数量和库存资金。

表1-32 备件管理机构和人员配置

企业规模	组织机构	人员配置	职责范围
大型企业	在设备管理部门领导下成立备件科（或组） 备件专门生产车间 设置备件总库	备件技术员 备件计划员 备件生产调度员 备件采购员 备件质量检验员 备件库管员 备件经济核算员	备件技术管理 备件计划管理 自制备件生产调度 外购备件采购 备件质量检验 备件检验、收发、保管 备件经济管理
中型企业	设备科管理组（或技术组）分管备件技术、管理工作 设置备件库房 机修分厂（车间）负责自制备件	备件技术员 备件计划员（可兼职） 备件采购员 备件库管员 备件经济核算员（可兼职）	同上（允许兼职）

企业规模	组织机构	人员配置	职责范围
小型企业	设备科（组）管理备件生产与技术工作 备件库可与材料库合一	备件技术管理员备件库管理员（可兼职）	满足维修生产，不断完善备件管理工作

八、设备改造革新管理

1. 设备改造革新的目标

1）提高加工效率和产品质量

设备经过改造后，要使原设备的技术性能得到改善，提高精度和增加功能，使之全部达到或局部达到新设备的水平，满足产品生产的要求。

2）提高设备运行安全性

对影响人身安全的设备，应进行针对性改造，防止人身伤亡事故的发生，确保安全生产。

3）节约能源

通过设备的技术改造提高能源的利用率，大幅度节电、节煤、节水，在短期内收回设备改造投入的资金。

4）保护环境

有些设备对生产环境乃至社会环境造成较大污染，如烟尘污染、噪声污染以及工业水的污染。要积极进行设备改造消除或减少污染，改善生存环境。

此外，对进口设备的国产化改造和对闲置设备的技术改造，也有利于降低修理费用和提高资产利用率。

2. 设备改造革新的实施

（1）编制和审定设备更新申请单。

设备更新申请单由企业主管部门根据各设备使用部门的意见汇总编制，经有关部门审查，在充分进行技术经济分析论证的基础上，确认实施的可能性和资金来源等方面情况后，经上级主管部门和厂长审批后实施。

设备更新申请单的主要内容包括：

① 设备更新的理由（附技术经济分析报告）；

② 对新设备的技术要求，包括对随机附件的要求；

③ 现有设备的处理意见；

④ 订货方面的商务要求及使用的时间的要求。

（2）对旧设备组织技术鉴定，确定残值，区别不同情况进行处理。

对报废的受压容器及国家规定淘汰设备，不得转售其他单位。目前尚无确定残值的较为科学的方法，但它是真实反映设备本身价值的量，确定它很有意义。因此残值确定的合理与否，直接关系到经济分析的准确与否。

（3）积极筹措设备更新资金。

九、设备的故障与事故管理

1. 设备故障的分类

设备故障按技术性原因，可分为四大类：即磨损性故障、腐蚀性故障、断裂性故障及老化性故障。

1）磨损性故障

所谓磨损是指机械在工作过程中，互相接触做相互运动的对偶表面，在摩擦作用下发生尺寸、形状和表面质量变化的现象。按其形成机理又分为黏附磨损、表面疲劳磨损、腐蚀磨损、微振磨损等4种类型。

2）腐蚀性故障

按腐蚀机理不同又可分化学腐蚀、电化学腐蚀和物理腐蚀3类。

（1）化学腐蚀。金属和周围介质直接发生化学反应所造成的腐蚀。

（2）电化学腐蚀。金属与电介质溶液发生电化学反应所造成的腐蚀。

（3）物理腐蚀。金属与熔融盐、熔碱、液态金属相接触，使金属某一区域不断熔解，另一区域不断形成的物质转移现象，即物理腐蚀。

3）断裂性故障

可分脆性断裂、疲劳断裂、应力腐蚀断裂、塑性断裂等。

（1）脆性断裂。可由于材料性质不均匀引起；或由于加工工艺处理不当所引起（如在锻、铸、焊、磨、热处理等工艺过程中处理不当，就容易产生脆性断裂）。

（2）疲劳断裂。由于热疲劳（如高温疲劳等），机械疲劳（又分为弯曲疲劳、扭转疲劳、接触疲劳、复合载荷疲劳等）引起。

（3）应力腐蚀断裂。一个有热应力、焊接应力、残余应力或其他外加拉应力的设备，如果同时存在与金属材料相匹配的腐蚀介质，则将使材料产生裂纹，并以显著速度发展的一种开裂。

（4）塑性断裂。塑性断裂是由过载断裂和撞击断裂所引起。

4）老化性故障

上述综合因素作用于设备，使其性能老化所引起的故障。

2. 设备事故的分类

不论是设备自身的老化缺陷，或操作不当等外因，凡造成设备损坏或发生故障后，影响生产或必须修理者均为设备事故。设备事故分为下述3类。

1）重大设备事故

设备损坏严重，多系统企业影响日产量25%或修复费用达4000元以上者；单系统企业影响日产量50%或修复费用达4000元以上者；或虽未达到上述条件，但性质恶劣，影响大，经本单位群众讨论，领导同意，也可以认为是重大事故。

2）普通设备事故

设备零部件损坏，以致影响到一种成品或半成品减产：多系统企业占日产量5%或修复费用达800元以上者；单系统企业占日产量10%或修复费用达800元以上者。

3）微小事故

损失小于普通设备事故的，均为微小事故。事故损失金额是修复费、减产损失费和成品、半成品损失费之和。

（1）修复费包括人工费、材料费、备品配件费以及各种附加费。

（2）减产损失费是以减产数量乘以工厂年度计划单位成本。其中未使用的原材料一律不扣除，以便统一计算；但设备修复后，因能力降低而减产的部分可不计算。

（3）成品或半成品损失费是以损失的成品或半成品的数量乘以工厂年度计划单位成本进行计算。

十、设备专业管理

设备的专业管理，是企业内设备管理系统专业人员进行的设备管理；是相对于群众管理而言的，群众管理是指企业内与设备有关人员，特别是设备操作、维修工人参与设备的民主管理活动。专业管理与群众管理相结合可使企业的设备管理工作上下成线、左右成网，使广大干部职工关心和支持设备管理工作。有利于加强设备日常维修工作和提高设备现代化管理水平。

1.4.2 机电设备的经济管理

经济管理是指在社会物质生产活动中，用较少的人力、物力、财力和时间，获得较大成果的管理工作的总称。

经济管理的内容包括：

（1）投资方案技术分析、评估；

（2）设备折旧计算与实施；

（3）设备寿命周期费用、寿命周期效益分析；

（4）备件流动基金管理。

1.4.3 机电设备管理制度

一、机电设备的管理规定

机电设备的管理要规范化、系统化并具有可操作性。设备管理工作的任务概括为"三好"，即"管好、用好、修好"。

1. 管好设备

企业经营者必须管好本企业所拥有的数控机床，即掌握设备的数量、质量及其变动情况，合理配置机电设备。严格执行关于设备的移装、调拨、借用、出租、封存、报废、改装及更新的有关管理制度，保证财产的完整齐全，保持其完好和价值。操作工必须管好自己使用的设备，未经上级批准不准他人使用，杜绝无证操作现象。

2. 用好设备

企业管理者应教育本企业员工正确使用和精心维护好设备，生产应依据设备的能力合理安排，不得有超性能使用和拼设备之类的行为。操作工必须严格遵守操作维护规程，不超负荷使用及采取不文明的操作方法，认真进行日常保养和定期维护，使机电设备保持"整齐、清洁、润滑、安全"的标准。

3. 修好设备

车间安排生产时应考虑和预留计划维修时间，防止设备带病运行。操作工要配合维修工修好设备，及时排除故障。要贯彻"预防为主，养为基础"的原则，实行计划预防修理制度，广泛采用新技术、新工艺，保证修理质量，缩短停机时间，降低修理费用，提高设备的各项技术经济指标。

二、机电设备的使用规定

1. 技术培训

为了正确合理地使用机电设备，操作工在独立使用设备前，必须经过基本知识、技术理论及操作技能的培训，并且在熟练技师指导下，进行上机训练，达到一定的熟练程度。同时要参加国家职业资格的考核鉴定，经过鉴定合格并取得资格证后，方能独立操作所使用机电设备，严禁无证上岗操作。

技术培训、考核的内容包括设备结构性能、设备工作原理、相关技术规范、操作规程、安全操作要领、维护保养事项、安全防护措施、故障处理原则等。

2. 实行定人定机持证操作

设备必须由持职业资格证书的操作者进行操作，严格实行定人定机和岗位责任制，以确保正确使用设备和落实日常维护工作。多人操作的设备应实行组长负责制，由组长对使用和维护工作负责。公用设备应由企业管理者指定专人负责维护保管。设备定人定机名单由使用部门提出，经设备管理部门审批，签发操作证；精、大、稀关键设备定人定机名单，设备部门审核报企业管理者批准后签发。定人定机名单批准后，不得随意变动。对技术熟练能掌握多种机电设备操作技术的工人，经考试合格可签发操作多种机电设备的操作证。

3. 建立交接班制度

连续生产和多班制生产的设备必须实行交接班制度。交班人除完成设备日常维护作业外，必须把设备运行情况和发现的问题，详细记录在"交接班簿"上，并主动向接班人介绍清楚，双方当面检查，在交接班簿上签字。接班人如发现异常或情况不明、记录不清时，可拒绝接班。如交接不清，设备在接班后发生问题，由接班人负责。

企业对在用设备均需设"交接班簿"，不准涂改撕毁。区域维修部（站）和机械员（师）应及时收集分析，掌握交接班执行情况和设备技术状态信息，为设备状态管理提供资料。

4. 建立使用机电设备的岗位责任制

（1）设备操作者必须严格按"设备操作维护规程"、"四项要求"、"五项纪律"的规定正确使用与精心维护设备。

（2）实行日常点检，认真记录。做到班前正确润滑设备；班中注意运转情况；班后清扫擦拭设备，保持清洁，涂油防锈。

（3）在做到"三好"要求下，练好"四会"基本功，搞好日常维护和定期维护工作；配合维修工人检查修理自己操作的设备；保管好设备附件和工具，并参加设备修后验收工作。

（4）认真执行交接班制度并填写好交接班及运行记录。

（5）发生设备事故时立即切断电源，保持现场，及时向生产工长和车间机械员（师）报告，听候处理。分析事故时应如实说明经过。对违反操作规程等造成的事故应负直接责任。

三、设备安全技术操作规程

1. 操作工使用数控机床的基本功和操作纪律

1）数控机床操作工"四会"基本功

（1）会使用。操作工应先学习设备操作规程，熟悉设备结构性能、工作原理。

（2）会维护。能正确执行设备维护和润滑规定，按时清扫，保持设备清洁完好。

（3）会检查。了解设备易损零件部位，知道完好检查项目的标准和方法，并能按规定进行日常检查。

（4）会排除故障。熟悉设备特点，能鉴别设备正常与异常现象，懂得其零部件拆装注意事项，会做一般故障处理或协同维修人员进行故障排除。

2）维护使用数控机床的"四项要求"

（1）整齐。工具、工件、附件摆放整齐，设备零部件及安全防护装置齐全，线路管道完整。

（2）清洁。设备内外清洁，无"黄袍"；各滑动面、丝杠、齿条、齿轮无油污，无损伤；各部位不漏油、漏水、漏气；铁屑清扫干净。

（3）润滑。按时加油、换油，油质符合要求；油枪、油壶、油杯、油嘴齐全，油毡、油线清洁，油窗明亮，油路畅通。

（4）安全。实行定人定机制度，遵守操作维护规程，合理使用，注意观察运行情况，不出安全事故。

3）机电设备操作工的"五项纪律"

（1）凭操作证使用设备，遵守安全操作维护规程；

（2）经常保持机床整洁，按规定加油，保证合理润滑；

（3）遵守交接班制度；

（4）管好工具、附件，不得遗失；

（5）发现异常立即通知有关人员检查处理。

2. 机电设备工安全操作规程

（1）机械操作，要束紧袖口，女工发辫要挽入帽内。

（2）机械和动力机座必须稳固，转动的危险部位要安设防护装置。

（3）工作前必须检查机械、仪表、工具等，确认完后方准使用。

（4）电气设备和线路必须绝缘好，电线不得与金属物绑在一起；各种电动机具必须按规定接零接地，并设置单一开关；遇有临时停电或停工休息时，必须拉闸加锁。

（5）施工机械和电气设备不得带病运转和超负荷作业，发现不正常情况应停机检查，不得在运转中修理。

（6）电气、仪表、管道和设备不得带病运转应严格按照单项安全措施进行。运转时不准擦洗和修理，严禁将头伸入机械行程范围内。

（7）在架空输电线路下面工作应停电，不能停电时，应有隔离防护措施，起重机不得在架空输电线路下面工作，通过架空输电线路时应将起重机臂落下。在架空输电线路一侧工作时，不论在任何情况下，超重臂、钢丝绳或重物等与架空输电线路的最近距离应不小于表1-33规定。

表 1-33 输电线路安全工作距离表

输电线路电压	1 kV 以下	1～10 kV	35～110 kV	154 kV	220 kV
允许与输电线路的最近距离	1.5 m	2 m	4 m	5 m	6 m

（8）行灯电压不得超过 36 V，在潮湿场所或金属容器内工作时，行灯电压不得超过 12 V。

（9）受压容器应有安全阀、压力表，并避免曝晒、碰撞，氧气瓶严防沾染油脂；乙炔发生器、液化石油气，必须有防止回火的安全装置。

（10）X 射线或 Y 射线探伤作业区，非操作人员不准进入。

（11）从事腐蚀、粉尘、放射性和有毒作业，要有防护措施，并进行定期体检。

1.5　设备管理技术案例

案例 1　现代设备管理模式——TPM（全员生产维护）

如何在生产中降低成本一直是多年来企业界的一个重要目标。当然其中有很多影响因素，但是如何有效地利用工厂里的各种生产设备却是其中最重要的因素之一。

TPM（全员生产维护）是一种有助于非常有效地使用生产设备的理论。TPM 所涉及的不仅仅是设备，是人、设备和工作环境的有机整体。TPM 理论中最重要的一点就是不断地改进和完善的思想，即为了提高人、设备和工作环境这一有机整体的效率。

总的来说，通过实施 TPM 使设备效率提高了 50%，故障率降低了 98%，废品和返修品的比率也降低了 90%。

1. 怎样进行全员生产维护

1）OEE（设备总体效率）和总的损失关系

如图 1-1 所示，可以得出结论：

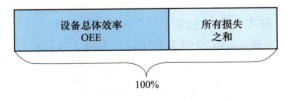

图 1-1　OEE 和总的损失关系图

（1）损失越多，则设备总体效率就越低；

（2）损失越少，则设备总体效率就越高。

2）造成损失的 6 个主要原因

（1）设备故障停机（最主要的损失原因）；

（2）工装及调整；

（3）空运转及短暂停机；

（4）节拍速度的降低；

（5）设备启动和提速；

（6）质量问题（包括废品和返修品）。

上述 6 个原因对 OEE 的影响如图 1-2 所示。

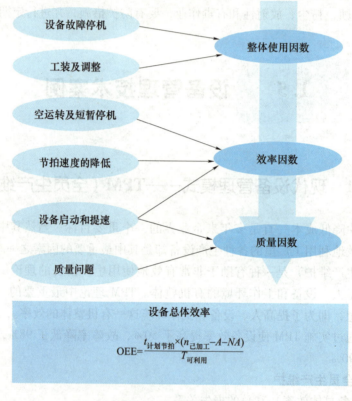

图 1-2　设备总体效率

举例说明：

5 天工作制双班（每班 7 小时 12 分钟）

$$T_{可利用} = 2×(7\ h\ 12\ min)×5 = 4\ 320\ min$$

另外，如果确定

$$t_{计划节拍} = 0.5\ min$$

一周已加工的零件数

$$n_{已加工} = 4\ 854\ 个$$

其中，废品数为

$$A = 96\ 个$$

返修品数为

$$NA = 284 \text{ 个}$$

那么，将以上代入公式，可得

$$\text{OEE} = \frac{t_{\text{计划节拍}} \times (n_{\text{已加工}} - A - NA)}{T_{\text{可利用}}} = \frac{0.5 \times (4\,854 - 96 - 284)}{4\,320} = 51.76\%$$

2. 组成全员生产维护的 5 个基石（见图1-3）

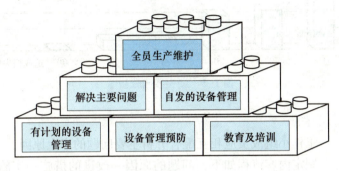

图 1-3　全员生产维护

1）解决主要问题（见图1-4）

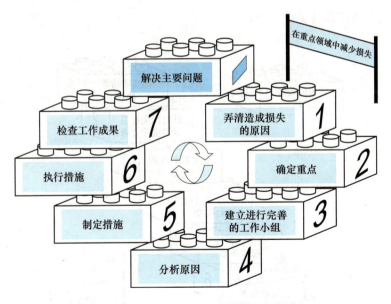

图 1-4　解决主要问题

（1）弄清造成损失的原因。

原因的大小程度取决于：设备类型（例如车床或冲压机）；自动化程度；设备的布局；员工受教育的水平。

（2）确定重点。如图1-5所示：最左边的是造成损失的最大原因，然后其余原因从大到小依次向右排列。

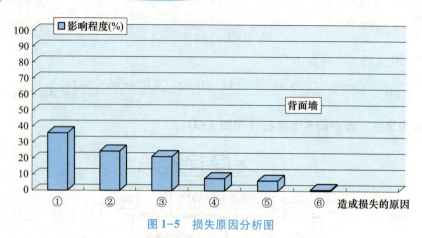

图1-5 损失原因分析图

（3）建立进行完善的工作小组。

（4）分析原因。工作小组成员应相互配合分析主要问题的产生原因。

（5）制定措施。制定内容流程如下：问题的原因→改进的措施→实施措施的时间→执行措施的负责人→检查执行效果的时间。

（6）执行措施。

（7）检查工作成果。

2）自发的设备管理（见图1-6）

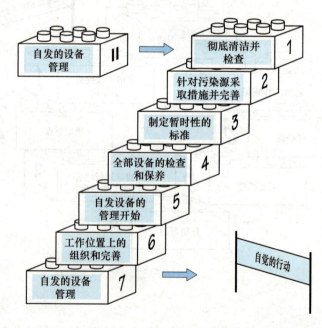

图1-6 自发的设备管理

通过实施第（4）、（5）步后，可以明显看到设备故障概率的降低。（6）和（7）是在对设备有更深的理解和经验的基础上进行的完善活动。在执行每一步骤的过程中都必须注意，每步都是建立在对上一步正确理解并执行的基础之上。

3）有计划的设备管理（见图1-7）

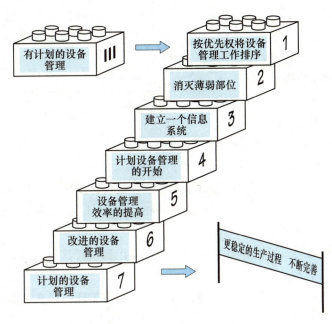

图 1-7 计划的设备管理

（1）按优先权将设备管理工作排序。这一环节主要根据设备出现问题的重要程度不同排序，首先要解决最重要的问题。

（2）消灭薄弱部位。

（3）建立一个信息系统。根据这些信息可以进行设备管理措施的计划、控制以及协调。

（4）计划设备管理的开始（表1-34）。可以把不同措施的执行日期和时间间隔填到设备管理的月度计划中。

表 1-34 设备管理月度计划表

设备	设备管理月度计划											
	一月	二月	三月	四月	五月	六月	七月	八月	九月	十月	十一月	十二月
压铸机		W		I					W			
冲压机		W			I			W				
车床			W				I		W			
223 号设备					W						W	
227 号设备	W				W				W			
478 号设备			I				W		I			

续表

设备	设备管理月度计划											
	一月	二月	三月	四月	五月	六月	七月	八月	九月	十月	十一月	十二月
制冷系统		W		W		W				I		W
空压机			W			W			W			W
A12 号设备		W			W		I				W	
I=检查措施　W=保养措施												

设备管理的计划中应包括：

① 在什么设备上执行什么样的设备管理的措施；

② 什么时候并且间隔多长时间执行这样的措施。

除设备管理的计划之外还需要设备管理的标准。这些标准中应包括设备管理措施的内容以及工作流程：即 5w2h（who、when、what、where、why、how、how much）

（5）设备管理效率的提高。

流程改善是关键的环节，而由此节省的时间可以用到执行其他的设备管理措施上。

（6）改进的设备管理。

改进的设备管理有三个目标：提高设备单个零件的可靠性；提高其磨损性能；提高设备效率（质量和产量）。

（7）计划的设备管理。

这一步的主要任务是：把还未解决或新出现的问题进一步进行完善。

4）设备的管理预防（见图 1-8）

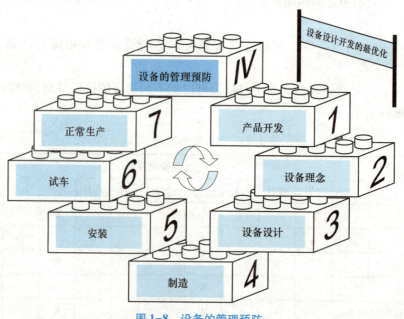

图 1-8　设备的管理预防

（1）产品开发。

设备管理的预防首先以此台设备日后需加工的产品（工件）的产品开发开始。在开发产品的过程中不但要考虑一些老的问题如设备能力、节拍速度、加工精度、投入成本和使用成本，还要考虑适合于加工的产品结构形式。

（2）设备理念。

以下讲述如何考虑这些参数并通过特定的问题来进行改进和完善，设备生产效率如图1-9所示：

① 设备的可靠性。设备的可靠性会通过意外停机降低，而且修理也很费时；

② 操作性与可维护性；

③ 流程能力。流程能力代表了设备加工某种产品所达到质量的好坏程度。当一个加工流程稳定地满足生产需求时，可以称之为"有能力"；

④ 寿命周期成本。寿命周期成本就是投资成本和使用成本的总和。而投资成本仅仅是"冰山的一角"，如图1-10所示。

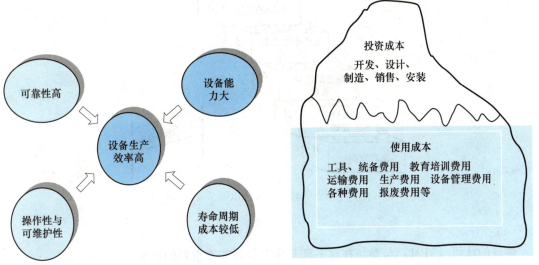

图1-9 设备生产效率图　　　　图1-10 投资-使用成本关系图

（3）设备设计。

设备管理预防在设计阶段的目标就是要验证是否对设备设计就设备的操作性与可维护性进行了足够的考虑。

（4）设备的制造。

作为设备使用厂家的维修员工应在设备的制造阶段到设备厂家学习设备的"内在特点"，熟悉其内部结构。

（5）设备的安装。

生产工人和维修人员在设备安装过程中也能熟悉设备。因此，在设备安装过程中这两个部门的员工应必须在场。

在这一步中应进行试运行，因为在运输和安装过程中设备有可能受到损害，另外还要对

49

安装后的设备进行加工能力的测试。

试运行和设备加工能力测试的结果应记录在设备档案中。

（6）试车。

安装、测试完毕后，设备进入试车阶段。试车的阶段注意发现是否存在目前为止仍然没有发现的问题或缺陷。

（7）正常生产。

在正常生产过程中，要把设备管理预防、设备信息、经验以及改进建议反馈回设备的计划和设计中。

5）教育及培训（见图1-11）

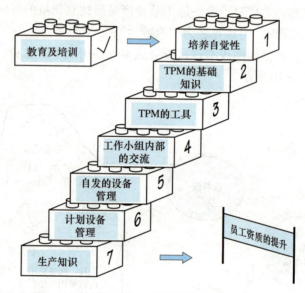

图1-11　教育及培训

（1）培养自觉性。

领导的认可（TPM）与参与在这一环节将会起到非常重要的作用。

（2）TPM 的基础知识。

TPM 的基础知识包括：车间会议、TPM 的小册子、公告板。

（3）TPM 的工具。

在 TPM 的 5 个基石中已经包括了几个重要的 TPM 工具，如解决问题的方法、可视化、标准化、步骤化以及系统化。

（4）工作小组内部的交流。

一般说来，一个产品是由多名员工而不是一名员工生产出来的，所以员工们互相配合进行工作是必然的。就 TPM 而言员工们应在以下方面进行合作：跨领域的工作小组、自发的工作小组、设备管理工作小组、跨领域的工作计划小组、教育培训小组、领导工作小组。

（5）自发的设备管理。

通过自发的设备管理可以使设备操作员工更好地认知设备异常状态以及更负责任地采取

相应措施。例如"三级制"管理,即厂级、车间级、班组级。

（6）计划设备管理。

对于设备管理人员,能够制定计划措施很重要。员工们的技术水平可以通过设备厂商的培训来提高,对于复杂的设备尤其应该这样做。

（7）生产知识。

用于提高生产设备效率最好的措施应由那些最熟悉加工流程的员工制定。因此对生产员工来说,熟悉设备的工装、工具更换以及安装过程是必要的。对于设备管理人员来说,必须要明白生产工艺条件,以便于能弄清为什么一些故障老是出现或者在同一部位出现。

案例2 现有机电设备管理流程案例

业务流程以某工业公司为例,简要说明。

某工业公司的设备管理部门为设备管理处,负责实施设备的管理,指导设备使用单位正确使用、维护设备,对各单位维修人员进行业务指导。协作单位有质量管理处、标准化处、检验处、技改办、工艺处、冶金处、设备工程分公司与设备使用单位等。该公司的设备管理活动及其流程如图1-12所示。

图1-12 设备管理流程

1. 设备前期控制

（1）设备的选型、购置。所选设备应体现技术的先进性、可靠性、维修性、经济性、安全性及环境保护等要求。进口设备必须通过技术经济论证。严格控制所选型设备的技术参数,保证所置设备充分满足加工产品的工艺要求和质量要求。新购设备到厂要开箱复验,严格按合同及装箱单进行清点,对设备质量、运输情况、随机附件、备件、随机工具、说明书及图纸技术资料等进行鉴定、清点、登记与验收;

（2）设备的安装、验收与移交。设备的安装位置应符合工艺布置图要求。严格按设备说明书规定安装调试,达到说明书规定的技术标准后予以验收,方可移交使用单位使用。设备管理处对选型、购置、安装、调试至设备的最后移交进行资产登记、管理分类、设备标识、图书资料归档等项目的办理,并作设备前期管理的综合质量鉴定。

2. 设备使用过程控制

（1）严格实行机动设备合格证的管理;

（2）设备使用单位要制定机动设备使用责任制,生产线上必须使用挂合格证的完好设备。设备不允许带故障加工,动力工艺、供应设备的使用必须贯彻安全防护规定及仪器、仪表的试验、鉴定、校验制度;

（3）设备操作工人必须通过专业培训,应熟悉自己所使用设备的结构和性能;

（4）设备的使用严格执行五定,操作工人一般凭操作证使用设备,并做到"三好四会"

（管好、用好、维修好；会使用、会保养、会检查、会排故）；

（5）多人操作的设备、生产流水线，实行机长负责制。交接班执行设备技术状况交接记录；

（6）使用单位对有特殊环境要求的动力控制中心和精密、专用、数控设备，要保持室内温度、湿度、空气、噪声等参数符合国标的规定；

（7）定期进行设备的检查与评级。

企业设备性能检查的实施方法有以操作工为主的巡回检查、设备的定期检查和专项检查。

① 实行以操作工为主的巡回检查。

巡回检查是操作工按照编制的巡回检查路线对设备进行定时（一般是 1～2 h）、定点（规定的检查点）、定项（规定的检查项目）的周期性检查。

巡回检查一般采用主观检查法。即用听（听设备运转过程中是否有异常声音）、摸（摸轴承部位及其他部位的温度是否有异常）、查（查一查设备及管路有无跑、冒、滴、漏和其他缺陷隐患）、看（看设备运行参数是否符合规定要求）、闻（闻设备运行部位是否有异常气味）的五字操作法。或者用简单仪器测量和观察在线仪表连续测量的数据变化。

巡回检查一般包括的内容有：

（a）检查轴承及有关部位的温度、润滑及振动情况；

（b）听设备运行的声音，有无异常撞击和摩擦的声音；

（c）看温度、压力、流量、液面等控制计量仪表及自动调节装置的工作情况；

（d）检查传动带的紧固情况和平稳度；

（e）检查冷却液、物料系统的工作情况；

（f）检查安全装置、制动装置、事故报警装置、停车装置是否良好；

（g）检查安全防护罩、防护栏杆是否完好；

（h）检查设备安装基础、地脚螺栓及其他连接螺栓有否松动或因连接松动而产生的振动；

（i）检查设备、管路的静动密封点的泄漏情况；

（j）检查过程中发现不正常情况，应立即查清原因，及时调整处理。如发现特殊声响、振动、严重泄漏、火花等紧急危险情况时，应做紧急处理后，向车间设备员或设备主任报告，采取措施进行妥善处理。并将检查情况和处理结果详细记录在操作记录和设备巡回检查记录表上。

② 设备的定期检查。

设备定期检查一般由维修工人和专业检查工人，按照设备性能要求编制的设备检查标准书，对设备规定部位进行的检查。设备定期检查一般分为日常检查、定期停机或不停机检查。

日常检查是维修工人根据设备检查标准书的要求，每天对主要设备进行定期检查，检查手段主要以人的感官为主。

定期检查可以停机进行，也可以利用生产间隙停机、备用停机进行，也可以不停机进行。必要时，有的项目也可以占用少量生产时间或利用设备停机检修时进行。

定期检查周期，一般由设备维修管理人员根据制造厂提供的设计和使用说明书，结合生产实践综合确定。有些危及安全的重要设备的检查周期应根据国家有关规定执行。为了保证

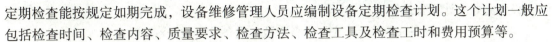

定期检查能按规定如期完成，设备维修管理人员应编制设备定期检查计划。这个计划一般应包括检查时间、检查内容、质量要求、检查方法、检查工具及检查工时和费用预算等。

③ 专项检查。

专项检查是对设备进行的专门检查。除前面所说的几种检查方法外，当设备出现异常和发生重大损坏事故时，为查明原因，制定对策需对一些项目进行重点检查。专项检查的检查项目和时间由维修管理部门确定。

3. 设备维修控制

（1）严格执行设备"五级保修制"。一、二级保养由操作者进行，维修工人检查；三级保养由维修工人按计划完成，设备管理处验收；四级为项修；五级为大修；

（2）维修工人实行区域负责制，坚持日巡视检查、周检查，以减少重复故障。设备管理处按设备完好标准进行经常性抽检和季度设备大检查工作。对发现的问题及时整改，以提高设备的维护保养质量，保证设备正常运行；

（3）为了正确地评价设备维修保养的水平，掌握设备的技术状况，设备管理处要把每年进行的状态监测调查的单台设备动态参数，反复筛选，进行综合质量评定。并在规定的表格（表1-35、表1-36）中填写各类设备的完好率，逐级上报并需汇总出班组、车间、全厂设备完好率情况。作为制定下年设备管理工作计划和机动设备大（项）修计划的依据；

表 1-35　设备技术状况统计表

填表单位：								年　月　日
全部设备			主要设备			静密封点泄漏率		
总台数	完好台数	完好率/%	总台数	完好台数	完好率/%	静密封点数	泄漏数	泄漏率/%
其中主要设备技术状况								
序号	主要设备名称		台数	完好台数	完好率/%		主要缺陷分析	
1								
2								
…								
企业负责人：			企业主管部门：				填表人：	

表 1-36　设备技术状况汇总表

填表单位：							年　月　日
序号	单位	设备总台数	完好台数	完好率	主要设备总台数	主要设备完好台数	主要设备完好率	备注
1								
2								
…								
主管：			审核：			制表：		

设备完好率计算公式如下：

$$设备完好率 = （完好设备台数 / 设备总台数）× 100\%$$

式中，完好设备台数包括在用、备用、停用和在计划检修前属完好的设备。

设备总台数包括在用、备用和停用设备。

凡经评定的设备，对完好设备、不完好设备分别挂上不同颜色的牌子，并促其改进。不完好设备，经过维护修理，经检查组复查认可后，可升为完好设备更换完好设备牌。

① 设备评定范围包括完好设备和不完好设备，全厂所有在用设备均参加评定，正在检修的设备按检修前的状况评定。停用一年以上的设备可不参加评定（并不统计在全部设备台数中）。全部设备和主要设备台数无特殊原因应基本保持不变（一年可以调整一次）；

② 完好设备标准（一般规定）如下：

（a）设备零部件完整、齐全，质量符合要求。

（b）设备运转记录、性能良好，达到铭牌规定能力。

（c）设备运转记录、技术资料齐全、准确。

（d）设备整洁，无跑、冒、滴、漏现象，防腐、防冻、保温设施完整有效。

（4）各部门严格执行设备大修、项修、改造计划。此计划是公司科研生产计划的组成部分；

（5）机修车间要对计划大（项）修的设备，按照设备生产科下达的设备技术修理任务书，从工艺、备件、原材料、工具、拆卸、修配刮研、零件修复与替换、重复安装、喷漆、调试到恢复精度的全过程都要严格控制行业维修标准的执行。检验科按大（项）修理技术标准检验。对生产用户所要求的特殊修理部件，要全面消除缺陷，必须达到质量要求；

（6）特种工艺设备修理车间和动力设备修理车间，在大（项）修计划的任务书下达后，遵照特种工艺控制的质量要求，要特别注重对生产线有特性要求的焊接设备、热处理设备、空压、通风设备、制冷加热设备及压容设备的修理控制，所修设备必须达到行业维修标准。对修理过程中的原材料、备品备件，要做修前质量检查，禁用不合格品。检验科大（项）修后要有检验过程及值班记录。修理不达标准的设备必须返工；

（7）精专设备厂对精密、专用机电设备的维修，建立专业维修质量保证体制，制定机床精度与加工精度对照表，把设备诊断技术作为设备维修质量控制的软件工具，组织实施日常维护检修和计划大（项）修，达到控制设备劣化趋势的预防维修效果；

（8）设备修理质量的检查和验收实行以专职检验员为主的"三检制"（即零件制造和修理要经过自检、互检和专职检验。修理后装配、调试要实行使用工人、修理工人和检验员检验），并实行保修期制度，保修期为六个月。

4. 设备改造控制

设备改造要以产品加工特定要求和设备本身的特点为基础，设备管理处制定年度设备改造计划必须具有超前性，技改办合理控制技术改造与更新的速度，长远规划逐步实施，年度计划可同大修进行。

（1）设备改造项目的确定。

（2）控制三个基准点：

① 生产线上的单一设备；

② 零件加工工艺有专项要求的设备；

③ 出现故障多难修复的设备或精度高难保持高精度的设备。

（3）预选要改造的设备，决定要采用的新技术。考核设计与实验，购置备品部件，改造装配过程是否可行。

（4）进行经济技术论证分析，得出结论性数据。确定要改造的项目并纳入计划。

（5）设备改造项目的实施控制。

照设备技术改造任务书，设备管理处为主管单位，组织以预修、设计、生产、供应、检验有关科室组成的设备技改小组，进行质量跟踪。

生产部门制定设备技改作业程序必须在技术文件，工具和材料上保质保量；人员与时间要有可靠性分配；实际装配操作要规范控制；工艺指令填写签印要准确；检测调试要制定程序单。

（6）设备改造项目完工后，设备管理处组织鉴定。检验科作专项精度检验，并办理验收和移交手续。技术资料完整归档，所技改设备合格移交使用单位，并办理固定资产手续，按标准设备进行维修和管理。

5. 设备原始资料及记录的管理

设备图纸、说明书、技术资料、安装及检修和各种质量文件及原始记录由设备管理处归档保存；国外进口设备说明书及图纸资料由档案馆存档；设备的周查月评、保修手册记录由使用单位保管。

习题与思考

1. 什么是机电设备？请列举两到三个机电设备的实例。

2. 简述设备管理的形成与发展的过程。

3. 什么是 TPM，TPM 的特点是什么？

4. 5S 管理的内容是什么？

5. 简述我国设备管理体制与组织形式的内容。

6. 为什么要进行机电设备管理？

7. 机电设备管理技术发展的新趋势体现在哪些方面？

8. 什么是机电设备的技术管理和经济管理？

9. 设备管理过程中，如何判断设备当前的状态？

10. 什么是设备润滑管理的五定原则？

11. 进行机电设备管理模式设计过程中应注意哪些方面？

12. 分析比较封闭式管理模式和现代联网集成管理的优缺点。

13. 机电设备管理的内容有哪些，管理过程如何进行？

14. 机电设备使用过程中应注意什么？

15. 机电设备使用过程中，为什么要求使用者进行巡回检查，如何进行巡回检查？

16. 判断完好设备的标准是什么，企业设备完好率如何统计？

模块 2
机电设备维护保养技术基础

第 2 章
机电设备维护保养基础知识

设备的好坏，对企业产品的数量、质量和成本等经济技术指标，都有着决定性的影响，因此要严格按照设备的运转规律，抓好设备的正确使用，精心维护，科学维护，努力提高设备完好率。正确的操作使用能够防止设备非正常磨损，避免突发故障；做好日常维护保养，可使设备保持良好的技术状态，延缓劣化进程，及时发现和消灭故障隐患，从而保证安全运行。

2.1 概　述

2.1.1 现代机电设备的特点与发展趋势

现代机电设备是由机械零件和电子元件组成的有机整体，是机械、电子、计算机等多种技术相互融合的产物，随着机电一体化技术的发展呈现出高性能化、智能化、系统化、轻量化的趋势，广泛应用于生产、生活的各个领域。

1. 现代机电设备的高性能化趋势

高性能化一般包括高速度、高精度、高效率和高可靠性。为了满足"四高"的要求，新一代数控系统采用了 32 位多 CPU 结构，在伺服系统方面使用了超高速数字信号处理器，以达到对电动机的高速、高精度控制；为了提高加工精度，采用高分辨、高响应的检测传感器和各种误差补偿技术；在提高可靠性方面，新型数控系统大量使用大规模和超大规模集成电路，从而减少了元器件数量和它们之间连线的焊点，降低了系统的故障率，提高了可靠性。

2. 现代机电设备的智能化趋势

人工智能在现代机电设备中的应用越来越多，例如自动编程智能化系统在数控机床上的应用。原来必须由编程员设定的零件加工部位、加工工序、使用刀具、切削条件、刀具使用顺序等，现在可以由自动编程智能化系统自动地设定，操作者只需输入工件素材的形状和加工形状的数据，加工程序就可自动生成。这样不仅缩短了数控加工的编程周期，而且简化了操作。

目前，除了在数控编程和故障诊断智能化外，还出现了智能制造系统控制器，这种控制器可以模拟专家的智能制造活动，对制造中的问题进行分析、判断、推理、构思和决策。因此，随着科学技术的进步，各种人工智能技术将普遍应用于现代机电设备中。

3. 现代机电设备的系统化发展趋势

由于机电一体化技术在机电设备中的应用，现代机电设备的构成已不是简单的"机"和"电"，而是由机械技术、微电子技术、自动控制技术、信息技术、传感技术、软件技术构成的一个综合系统。各技术之同相互融合，彼此取长补短，其融合程度越高，系统就越优化。所以现代机电设备的系统化发展，可以获得最佳效能。

4. 现代机电设备的轻量化发展趋势

随着机电一体化技术在机电设备中的广泛应用，现代机电设备正在向轻小型方向发展，这是因为，构成现代机电设备的机械主体除了使用钢铁材料之外，还广泛使用复合材料和非金属材料；加上电子装置组装技术的进步，设备的总体尺寸也越来越小。

2.1.2 现代机电设备种类

现代机电设备种类繁多，而且还在不断地增加，但可以按不同的方法进行划分。

一、功能划分法

1. 数控机械类

主要产品为数控机床（见图2-1）、机器人、发动机控制系统和自动洗衣机等。其特点为执行机构是机械装置。

2. 电子设备类

主要产品为电火花加工机床（见图2-2）、线切割加工机、超声波缝纫机和激光测量仪等。其特点为执行机构是电子装置。

图2-1　卧式数控车床

图2-2　电火花成型机

3. 机电结合类

主要产品为自动探伤机（见图 2-3）、形状识别装置、Cr 扫描诊断仪和自动售货机等。其特点为执行机构是机械和电子装置的有机结合。

4. 电液（气）伺服类

主要产品为机电一体化的伺服装置（见图 2-4）。其特点为执行机构是液压驱动的机械装置，控制机构是接收电信号的液压或气动伺服阀。

图 2-3　自动探伤机

图 2-4　装卸作业自动化及伺服装置系统

5. 信息控制类

主要产品为电报机、传真机、磁盘存储器、磁带录像机、录音机、复印机和办公自动化设备等。其特点为执行机构的动作完全由所接收的信息来控制。

二、设备与能源关系划分法

1. 电工设备

又可分为电能发生设备、电能输送设备和电能应用设备。

2. 机械设备

又可以分为机械能发生设备、机械能转换设备和机械能工作设备。

三、工作类型划分法

原轻工部将机电设备按工作类型分为 10 个大类，每大类又分 10 个中类，每个中类又分为 10 个小类。10 个大类如表 2-1 所示。

表 2-1　现代机电设备按工作类型分类

序　号	类　别	序　号	类　别
1	金属切削机床	6	工业窑炉
2	锻压设备	7	动力设备
3	仪器仪表	8	电力设备
4	木工、铸造设备	9	专业生产设备
5	起重运输设备	10	其他设备

机电设备的维护保养

2.2.1 机电设备使用中应注意的问题

1. 经济合理地配备各种类型的设备

企业必须根据工艺技术要求，按一定比例配备自身所需的各种各样的设备，另外，随着企业生产的发展、产品品种和数量的增加，工艺技术也需变动。因此必须及时地调整设备之间的比例关系。使其与加工对象和生产任务相适应。

2. 为设备创造良好的工作环境

机器设备的工作环境对机器设备的精度、性能有很大影响，不仅对高精度设备的温度、灰尘、振动、腐蚀等环境需要严格控制，而且对于普通精度的设备也要创造良好的条件，一般要求要避免阳光的直接照射和其他热辐射，要避免太潮湿、粉尘过多或有腐蚀气体的场所，远离振动大的设备。

3. 良好的电源保证

为了避免电源波动幅度大（大于±10%）和可能的瞬间干扰信号等影响，精密设备一般采用专线供电（如从低压配电室分一路供单独使用）或增设稳压装置等，都可减少电气干扰。

4. 合理安排设备工作负荷

根据各种设备的性能、结构和技术特征，恰当地安排生产任务和工作负荷，尽量使设备物尽其用，避免"大机小用，粗机精用"等现象。

5. 不宜长期封存

购买设备以后要充分利用，尤其是投入使用的第一年，使其容易出故障的薄弱环节尽早暴露，得以在保修期内排除。加工中，尽量减少设备主轴的启停，以降低对离合器、齿轮等器件的磨损。没有加工任务时，也要定期通电，最好是每周通电1～2次，每次空运行1小时左右，以利用设备本身的发热来降低机内的湿度，使电子元件不致受潮，同时也能及时发现有无电池电量不足报警，预防设备参数的丢失。

6. 制定有效操作规程，建立健全设备使用责任制，并在操作过程中严格遵守

制定和遵守操作规程是保证设备安全运行的重要措施之一，企业的各级领导，设备管理部门、生产班组长和生产工人在保证设备合理使用方面都负有相应的责任。实践证明，众多故障都可由遵守操作规程而减少。

7. 操作人员岗前培训

操作者要熟悉并掌握设备的性能、结构、加工范围和维护保养知识。新操作者上机前一定要进行技术考核，合格后方可独立操作设置。对精密、复杂以及对生产具有关键性的设备应指定具有专门技术的操作者去操作，实行"定人定机、凭证上岗"。对职工进行正确使用和爱护设备的宣传教育。操作者对机器设备爱护的程度，对于延长设备使用寿命和充分发挥设备效率有着重要影响，企业一定要对职工经常进行思想教育和技术培训，使操作人员养成自觉爱护设备的风气和习惯，从而使设备经常保持清洁、安全并处于最佳技术状态。

2.2.2 机电设备操作维护规程

1. 设备操作维护规程的制定原则

（1）一般应按设备操作顺序及班前、中、后的注意事项分别列出，力求内容精炼、简明、适用。

（2）按照设备类别将结构特点、加工范围、操作注意事项、维护要求等分别列出，便于操作工掌握要点，贯彻执行。

（3）各类机电设备具有共性的内容，可编制统一标准通用规程。

（4）重点设备、高精度、大重型及稀有关键机电设备，必须单独编制操作维护规程，并用醒目的标志牌张贴在机床附近，要求操作工特别注意，严格遵守。

2. 操作维护规程的基本内容

（1）作业人员在操作时应按规定穿戴劳动防护用品，作业巡视及靠近其附近时不得身着宽大的衣物，女同志不得披长发；

（2）班前清理工作场地，设备开机前按日常检查卡规定项目检查各操作手柄、控制装置是否处于停机位置，零部件是否有磨损严重、报废和安全松动的迹象，安全防护装置是否完整牢靠，查看电源是否正常，并作好点检记录，若不符合安全要求，应及时向车间提出安全整改意见或方案，防止设备带病运行；

（3）检查电线、控制柜是否破损，所处环境是否可靠，设备的接地或接零等设施是否安全，发现不良状况，应及时采取防护措施；

（4）查看润滑、液压装置的油质、油量；按润滑图表规定加油，保持油液清洁，油路畅通，润滑良好；

（5）确认各部正常无误后，可先空车低速运转 3～5 min，各部运转正常、润滑良好，方可进行工作。不得超负荷、超规范使用；

（6）设备运转时，严禁用手调整、测量工件或进行润滑、清除杂物、擦拭设备；离开机床时必须切断电源，设备运转中要经常注意各部位情况，如有异常应立即停机处理；

（7）维护保养及清理设备、仪表时应确认设备、仪表已处于停机状态且电源已完全关闭；同时应在工作现场分别悬挂或摆放警示牌标识，提示设备处于维护维修状态或有人在现场工作；

（8）维护保养前应知此项工作应注意的事项、维护保养的操作程序，维护保养维修时工作人员思想要集中，穿戴要符合安全要求，站立位置要安全；

（9）维护设备时，要正确使用拆卸工具，严禁乱装乱拆，不得随意拆除、改变设备的安全保护装置。设备就位或组装时，严禁将手放入连接面和用手指对孔；

（10）维护、维修等操作工作结束后，应将器具从工作位置退出，并清理好工作场地和机械设备，仔细检查设备仪表的每一个部位，不得将工具或其他物品遗留在设备仪表上或其内部。车间应定期做好设备的维护、保养和维修工作，保证机械设备的正常运行；

（11）车间内和机器上的说明、安全标志和标志牌，在任何时间部必须严格遵守；

（12）严禁使用易燃、易挥发物品擦拭设备、含油抹布不能放在设备上，设备周围不能有易燃、易爆物品存放；

（13）必须在易燃易爆危险区域作业时，事先应定出安全措施，并经生产安全部和领导批准后方可进行；焊接、打磨存有易燃易爆、有毒物品的容器或管道，必须置换和清理干净，同时并将所有孔口打开后方可进行；

（14）工作场地应干燥整洁，废油、废面纱不准随地乱丢，原材料、半成品、成品必须堆放整齐，严禁堵塞通道；

（15）经常保持润滑及液压系统清洁。盖好箱盖，不允许有水、尘、铁屑等污物进入油箱及电器装置；

（16）工作完毕、下班前应清扫机床设备，保持清洁，将操作手柄、按钮等置于非工作位置，切断电源，办好交接班手续。

2.2.3　机电设备的维护

机电设备维护是指消除设备在运行过程中不可避免的不正常技术状况下（零件的松动、干摩擦、异常响声等）的作业，机电设备的维护必须达到整齐、清洁、润滑和安全等四项基本要求。根据设备维护保养工作的深度、广度及其工作量的大小，维护保养工作可以分为以下几个类别：

1. 日常保养（例行保养）

其主要内容是：对设备进行检查加油；严格按设备操作规程使用设备，紧固已松动部位；对设备进行清扫、擦拭，观察设备运行状况并将设备运行状况记录在交接班日志上。这类保养较为简单。大部分工作在设备的表面进行。日常保养每天由操作工人进行。

2. 一级保养（月保养）

其主要内容是：拆卸指定的部件，如箱盖及防护罩等，彻底清洗，擦拭设备内外；检查，调整各部件配合间隙，紧固松动部位，更换个别易损件；疏通油路，清洗过滤器，更换冷却液和清洗冷却液箱；清洗导轨及滑动面，清除毛刺及划伤；检查、调整电器线路及相关装置。设备运转 1～2 个月（两班制）后，以操作工人为主，维修工人配合进行一次一级保养。

3. 二级保养（年保养）

除包括一级保养内容以外，二级保养还包括：修复、更换磨损零件，调整导轨等部件的间隙，电气系统的维护，设备精度的检验及调整等。设备每运转一年后，以维修工人为主，操作工人参加，进行一次二级保养。

2.3 典型机电设备概述

2.3.1 自动化生产设备

1. 数控机床

计算机数控机床（CNC，Computer Numericaled Control）是一种典型的机电一体化产品，是由计算机控制的高效自动化精密机床。它综合了计算机技术、微电子技术、自动控制技术、精密测量技术和机床等方面的最新成就，是机床发展的必然趋势。

目前，数控机床已发展成为品种齐全、规格繁多的能满足现代化生产需要的主流机床，基本取代了普通机床。与普通机床相比，数控机床具有高效率、高精度、柔性好、劳动强度低、自动化程度高的特点，是衡量一个国家工业化水平和综合实力的重要标志。

普通机床在生产中，操作者要通过手动操作控制机床的启动、结束、运行次序等操作，刀具与工件间的运动参数、换刀等工作也由操作者完成，而数控机床则将加工零件的加工顺序、工艺参数、机床运动要求等信息用数控语言记录在数控介质（穿孔纸带、磁带、磁盘等）上，然后输入到数控装置，再由数控装置控制机床运动从而实现加工自动化。

数控机床的工作原理如图 2-5 所示。首先根据零件图的要求，制定工件的加工工艺过程，然后用规定的代码和程序格式编写数控程序，并输入数控介质中。加工时，数控系统对信息进行处理和运算，向伺服系统输出信号指令，伺服系统驱动运动部件按预定轨迹运动，加工出所要求的工件。

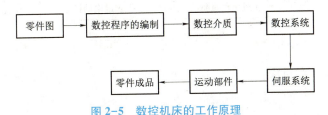

图 2-5 数控机床的工作原理

1）数控机床的分类

数控机床的种类繁多，分类方法也不尽相同，常见的分类方式有以下几种：

（1）按工艺用途分。

① 一般数控机床包括：数控车床、数控铣床、数控镗床、数控钻床、数控磨床、数控插床、数控齿轮加工机床等，与普通机床工艺用途一样，但可进行形状复杂产品的生产，自动化程度较高。

② 机械加工中心（MC）：该类机床是在一般数控机床的基础上配有刀库和自动换刀装置。工件经过一次装夹后，能进行自动换刀，完成铣（车）、镗、钻、铰及攻丝等多道

工序。

③ 多坐标数控机床：通常用的三坐标数控机床无法对一些形状复杂的零件进行加工，因而出现了多坐标数控机床。其数控装置控制的轴数较多，机床结构复杂，坐标轴的数量取决于被加工零件工艺要求的复杂程度。

（2）按运动控制的特点分。

① 点位控制数控机床：点位控制数控机床要求机床运动部件获得精确的坐标定位精度，而不管其运动轨迹如何，运动中不进行切削加工，多见于一些加工孔的机床，如数控钻床、数控镗床、数控冲床、数控电焊机等。

② 直线控制数控机床：直线控制数控机床指机床的运动部件不仅能实现坐标位置的精确移动和定位，而且能控制机床工作台或刀具按要求的进给速度，实现沿着平行于坐标轴的直线移动和切削加工，还能实现45°的斜线进给运动。直线控制数控机床的辅助功能也比较多，常见的有数控车床、数控镗铣床和加工中心等。

③ 轮廓控制数控机床：轮廓控制数控机床能同时控制两个或两个以上的坐标轴进行联动的切削加工，能够严格地控制各坐标的位移、速度和刀具的移动轨迹，因而能够加工斜线、曲线、圆弧等形状比较复杂的零件。常用的有数控车床、数控磨床、数控铣床及切削加工中心等。

（3）按控制方式分。

① 开环控制的数控机床：开环控制的数控机床没有位移检测和反馈装置，系统只能按照数控装置的指令脉冲进行单向控制工作，其精度取决于驱动元件和步进电动机的性能，工作原理如图2-6所示。这种数控机床结构简单，调试方便，成本较低，便于维修，但由于机床的位置精度取决于步进电动机的步距角精度和机械部分的传动精度，因而精度较低，常见于经济型的中小型数控机床中。

图2-6　开环控制系统工作原理图

② 闭环控制的数控机床：闭环控制的数控机床安装有直线位置检测装置，将检测到的机床工作台（或刀架）的实际位置反馈给数控装置比较器，与插补器发出的位置指令信号进行比较，根据差值进行误差修正，直至误差为零，控制运动部件严格按照实际需要位移量运动，工作原理如图2-7所示。这种机床的特点是加工速度快，加工精度高。由于反馈系统中存在，可消除机械传动装置制造误差而引起的加工误差，但由于机械传动装置各部件间的刚度、摩擦特性及反向间隙等非线性因素，会直接影响到系统的调节参数，很大程度上影响到系统的稳定性，因此设计调整、安装调试比较复杂。闭环控制数控机床主要是一些高精度的镗铣床、超精车床、超精磨床、大型数控机床等。

③ 半闭环控制的数控机床：半闭环控制的数控机床是将检测装置安装在开环控制伺服电动机机轴或丝杠轴上，将检测到的运动部件的角位移、角速度经转换处理后得到工作台（或刀架）的实际位移，并反馈给数控装置比较器，与插补器发出的位置指令信号进行比

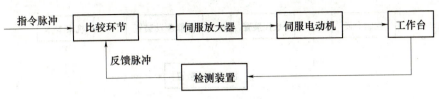

图 2-7 闭环控制系统工作原理图

较，根据差值进行误差修正，直至误差为零，工作原理如图 2-8 所示。由于半闭环控制环内不包括机械传动链，因此反馈的只是进给传动系统的部分误差，系统可获得稳定的控制，但传动链的误差无法得到校正和消除。尽管如此，由于系统采用了高分辨率的反馈检测元件及可靠的消除反向运动间隙的结构，可以得到较高的精度和速度，是目前机床中首选的控制方式，大多数中、小型机床都采用这种控制。

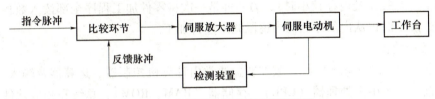

图 2-8 半闭环控制系统工作原理图

（4）按数控装置的功能水平分。

根据数控装置功能水平的不同，通常分为高、中、低档三类，具体划分标准如表 2-2 所示。

表 2-2 各档次数控机床的功能及指标

功能	高档	中档	低档
系统分辨率/μm	0.1	1	10
进给速度/（m·mm^{-1}）	24~100	15~24	8~15
伺服类型	闭环及直、交流伺服	半闭环及直、交流伺服	开环及步进电动机
联动轴数	5 轴或 5 轴以上	2~4 轴	2~3 轴
通信功能	RS232C，DNG，MAP	RS232C，DNG	无
显示功能	CRT：三维图形、自诊断	CRT：图形、人机对话	数码管显示
内部有无 PLC	强功能 PLC	有	无
主 CPU	32 位、64 位	16 位、32 位	8 位

2）数控机床的组成

数控机床一般由控制介质、数控装置、伺服驱动装置、测量反馈装置和机床本体 5 部分构成（见图 2-9）。

（1）控制介质。

控制介质是一种存储数控加工的各种控制信息的载体，也称输入介质。数控加工中的各

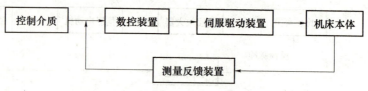

图 2-9　数控机床的组成

种信息（如加工顺序、刀具的运动等）都存储在控制介质中。目前的控制介质有穿孔纸带、穿孔卡片、磁带或磁盘等可以存储代码的载体。穿孔纸带在 20 世纪 80 年代应用较为普遍，常用的是八单位标准穿孔纸带。20 世纪 90 年代中期，随着计算机技术的快速发展，磁盘已逐步取代纸带成为较为广泛的控制介质，记录在控制介质中的零件加工工艺信息要通过数控装置中的磁带阅读器输入数控装置中。零件加工程序输入过程有两种不同的方式：一种是边读入边加工（数控系统内存较小时），另一种是一次将零件加工程序全部读入数控装置内部的存储器，加工时再从内部存储器中逐段调出进行加工。

（2）数控装置。

数控装置是数控机床的核心。数控装置通常由计算机控制器、运算器及输入/输出装置构成，目前大多由中央处理器（CPU）、存储器（RAM、ROM）、总线和相应软件构成的专用计算机来实现控制。数控装置接收控制介质送来的一段或几段数控加工程序，经过数控装置的逻辑电路或系统软件进行编译、运算和逻辑处理后，输出各种控制信息和指令，经功率放大驱动伺服系统，控制机床各部分的工作，使其进行规定的有序运动和动作。

零件图轮廓图形由直线、圆弧或其他非圆弧曲线组成，加工过程中刀具要按零件形状和尺寸的要求进行运动，即按图形轨迹移动。输入的零件加工程序只是各线段轨迹的起点和终点坐标值等数据，不能满足要求，因此要进行轨迹插补，也就是在线段的起点和终点坐标值之间求出一系列中间点的坐标值，并向相应坐标输出脉冲信号，控制各坐标轴（即进给运动的各执行元件）的进给速度、进给方向和进给位移量等。

（3）伺服驱动装置。

伺服驱动装置又称伺服系统，数控机床的伺服驱动装置是数控装置与机床的连接装置，它接收数控装置经运算处理后发出的脉冲信号，该信号经过调解、转换、放大后驱动机床移动部件运动或执行机构动作，从而加工出符合图样要求的零件。数控机床的伺服系统包括主轴驱动单元（主要是速度控制）、进给驱动单元（包括速度控制和位置控制）、主轴电动机、进给电动机和检测元件等。

伺服系统分为直流伺服系统和交流伺服系统，交流伺服系统正在取代直流伺服系统。常用的电动机包括功率步进电动机、直流伺服电动机和交流伺服电动机，通常在电动机上还带有速度、位移检测元件，如感应同步器、脉冲编码器、光栅、磁性检测元件等。对于数控机床的伺服驱动装置，要求其具有快速响应性能及灵敏准确的跟踪指令功能，因为这影响到零件的加工精度、表面质量和生产率等。

（4）测量反馈装置。

测量反馈装置包括在伺服驱动装置中，由安装在伺服电动机上（或执行部件）的速度、位移检测元件和相应电路组成。该装置能够将检测到的位移、速度等信息反馈给控制系统，形成闭环或半闭环控制。较常用的测量装置有脉冲编码器、旋转变压器、感应同步器、测速发电动机、光栅、磁尺及激光位移检测系统等。

（5）机床本体。

数控机床的机床本体也称为机床主体，由主轴传动装置、进给传动装置、床身、工作台、刀架或自动换刀装置以及辅助运动装置、液压气动系统、润滑系统、冷却装置等部分组成。与传统机床相比，数控机床在整体布局、外观造型、传动系统、刀具系统的结构及操作机构等方面有很大的改变，这种改变的目的是为了满足数控机床的要求和充分发挥数控机床的特点。比如，数控机床的主运动及各个坐标轴的进给运动由各自的电动机独立驱动，因而传动链短，结构简单。另外，数控机床普遍采用精密滚珠丝杠和直线运动导轨副，可以保证数控机床的快速响应特性；同时，数控机床的机械结构要求具有较高的动态特性、动态刚度、阻尼精度、耐磨性和抗热变形性能，这样能保证数控机床的高精度和高效率。

2. 工业机器人

机器人是一种能够模仿人动作的现代化机电产品，集机械、电子、自动控制、液压、气压、计算机、传感器和信号处理等多种技术为一体。从1959年美国的英格伯格和德沃尔制造出世界上第一台机器人至今，机器人技术取得了长足的进步。如今，机器人的模仿能力越来越强，使用范围也越来越广，广泛应用于工业、军事、医疗、娱乐、太空、海洋、农业、林业、矿业等行业。

目前，国际上对机器人的定义有很多方法，未形成统一的意见，普遍采用的是美国机器人协会对机器人的定义："机器人是一种可编程和多功能的，用来搬运材料、零件、工具的操作机"。中国国标中对机器人的定义是："机器人是一种能自动控制、可重新编程、多功能、多自由度的操作机，能搬运材料、零件和操作工具，以完成各种作业"。

工业机器人就是应用于工业生产中的机器人，是一种自动化生产设备。在机械制造业中代替人完成大批量、高质量的工作。它与机械手和操作机有很多相同之处，最本质的区别是工业机器人具有独立的控制系统，可通过程序的改变来实现动作的改变，从而适应不同的工作需要，而机械手的程序是固定的，通常作为机器设备上的附属装置存在，主要完成物体的搬运、抓取及上下料等简单的生产工作。工业机器人的基本工作原理和数控机床大致相同，由控制系统中的控制驱动系统提供动力，并由执行系统完成各种预定动作。

1）工业机器人的分类

根据机器人应用环境的不同，中国将机器人分为两大类，即工业机器人和特种机器人。工业机器人是面向工业领域的多关节机械手或多自由度机器人；而特种机器人就是除工业机器人之外的任何机器人，并服务于人类的机械设备，如服务机器人、水下机器人、娱乐机器人、军用机器人、农业机器人等。对于工业机器人来说，又可根据使用性能的不同进行分类。

（1）根据坐标形式的不同，工业机器人可分为4种。

① 直角坐标型的臂部可以沿三个直角坐标移动。

② 圆柱坐标型可通过两个直线运动和一个转动改变末端执行器的位置，可作升降、回转和伸缩动作。

③ 球坐标型也称极坐标型，其手臂运动由一个直线运动和两个转动构成，可以完成回

转、俯仰和伸缩运动。

④ 关节坐标型也称回转坐标型，手臂具有多个转动关节。

（2）根据执行机构运动控制方式不同，工业机器人可分为点位控制型和连续轨迹控制型。

① 点位控制型机器人只能控制执行系统由一点到另一点的直线运动，适用于机床上下料、点焊和一般搬运、装卸等工作。

② 连续轨迹控制型机器人则可控制执行系统按预定轨迹运动到指定位置，适用于连续焊接、涂装、检测等工作。

（3）根据驱动方式的不同，工业机器人可分为电力、液压驱动和气压驱动三种。

① 电力驱动是工业机器人中采用最多的一种驱动方式。

② 液压驱动的抓取力大，传动平稳，动作灵敏，对密封性要求较高。

③ 气压驱动的结构简单，动作迅速，但稳定性较差。

（4）根据使用范围的不同，分为可编程序的通用机器人和固定程序专用机器人。

① 可编程序的通用机器人能够根据不同的工作对象改变程序，通用性较强。

② 固定程序专用机器人则是按照工作要求设计好固定的程序，结构简单，大多为液压和气压驱动。

2）工业机器人的组成

工业机器人通常包括执行系统、控制系统、驱动系统和检测系统等几个部分，如图2-10所示。

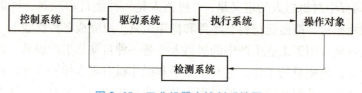

图 2-10　工业机器人控制系统图

（1）执行系统。

执行系统也称操作机，是机器人的机械部分，是能够完成在空间抓取物品或进行其他操作的机械装置，类似于人的四肢。一般来说，执行体统包括末端执行器、腕部结构、手臂结构和回转机座四部分。

① 末端执行器。末端执行器是执行系统直接完成任务的机构，也是系统中唯一与操作对象直接接触的部分，相当于人的手臂。安装在执行系统腕部或手臂的机械接口上，能够完成抓、夹、提、举等动作。末端执行器的设计要考虑到不同的作业任务，手部的形状、大小、手指个数和自由度等参数要根据工件的大小、质量、材质和外部环境等因素确定。在众多参数中，手部夹紧力式设计的主要依据，通常来说，为了使工件能够保持可靠的夹紧状态，要使夹紧力大于或等于工件的重力和惯性力（惯性力矩）。常用的末端执行器包括机械式夹持器、吸附式末端执行器和专用工具三种。

② 腕部结构。腕部结构是支撑和调节末端执行器状态的装置，是连接手部与手臂的部件，相当于人的手腕，可以改变和调整手部的方位和扩大手臂的运动范围，并起到支撑手部

的作用。通常腕部结构具有 X、Y、Z 三个方向的自由度，可以实现回转、俯仰、摆动三种运动，从而使手部能够处于空间的任意位置。根据不同的作业要求，腕部结构可具有 1～3 个自由度，有些专用机器人没有腕部结构，而是直接将手部与手臂相连接。腕部结构的回转运动通常靠回转油缸来实现，具有结构紧凑、操作灵活的特点，但回转角小，在要求回转角较大的情况时，常采用齿轮、齿条或链轮、链条及轮系传动。

③ 手臂结构。手臂结构是支撑和调整腕部和末端执行器位置的部件，相当于人的手臂，可带动手部按预定轨迹运动到指定位置，由执行系统的动力关节和连接杆件等组成，与腕部配合在一起，可实现对工件的传送运动，还可在传送过程中改变工件的方位。手臂结构一般具有伸缩、回转、俯仰和升降四个自由度。常用的手臂结构有：具有一个自由度的伸缩式手臂结构；具有一个回转运动的双手臂结构；具有俯仰、回转和升降三个自由度的手臂结构。

④ 回转机座。回转机座位于执行系统的底部，是支撑手臂并安装驱动系统和其他装置的部件。常用的机座包括固定式和移动式两种。在移动式机座的下部安装有移动机构，通过机座的移动可以扩大机器人的运动范围。

（2）控制系统。

控制系统是工业机器人的指挥系统，相当于人的大脑，其作用是接收机器人的作业指令及传感器反馈的信号，并根据信号控制驱动系统，使执行系统完成各种规定动作，如机器人的工作顺序、运动位置、运动路径、运动速度等。机器人的控制系统分为开环控制系统和闭环控制系统。

（3）驱动系统。

驱动系统是将电能或流体能等转换为机械能的动力装置，为执行系统提供动力和运动，由驱动器、减速器和检测元件等组成。根据动力源的不同，可分为电气式、液压式、气压式三种，电动机、液压缸、气缸等驱动部件通常与执行机构直接相连，也可通过齿轮、链条等与执行机构连接。

（4）检测系统。

检测系统的主要功能是检测执行系统的位置、速度、力等信息，并把检测到的信息反馈给控制系统，与预先设定好的数值进行比较，从而调整执行系统的运动。

2.3.2　现代办公设备

1. 静电复印机

复印机是从书写、绘制或印刷的原稿得到等倍、放大或缩小复印品的一种现代化办公设备。复印机能够直接从原稿获得复印品，具有复印速度快、操作简便的特点。

20 世纪初，文件图样的复印方法主要以蓝图法和重氮法为主，后来又相继出现了染料转印、银盐扩散转印和热敏复印等方法。1938 年，美国的卡尔森发明了静电复印的原始方法，他在暗室中将涂有硫黄的锌板与棉布摩擦，使锌板带电，然后在其上方覆盖带有图像和文字的原稿，经过曝光后再撒上石松粉末就可以显示原稿图像。到了 1950 年，出现了世界上第一台手工操作的普通纸静电复印机，1959 年出现了性能更加完善的 914 型复印机，静电复印技术逐渐成为应用最为广泛的复印技术。从 20 世纪 60 年代开始人们开始研究彩色复印方法，于 20 世纪 90 年代出现了激光彩色复印机。

随着各种相关技术的快速发展和光导材料性能的提高，复印技术也不断改进，控制功能更加完善，大部分复印机能够实现自动和手动送纸，还能进行自动双面复印，复印机已不再局限于按照原样复制原稿的范围。目前的复印机已发展成为典型的机电一体化产品，与现代通信技术、计算机技术、电子技术和激光技术等技术紧密结合，复印机作为在近距和远距数据传输过程中读取和记录信息的终端机，成为现代办公设备中的一个重要组成部分。

1）复印机的分类

根据复印机工作原理的不同，复印机可分为模拟复印机和数码复印机。模拟复印机诞生和应用的时间较长，技术较为成熟，性能也比较稳定。数码复印机采用数字图像处理技术，极大地提高了复印机的生产能力、复印质量，降低了故障率。数码复印机与模拟复印机相比，在功能和性能上的优势都比较明显，但是价格要比模拟复印机贵一些。

根据复印速度的不同，复印机可分为低速、中速、高速三种。以 A4 幅面为例，低速复印机每分钟可复印 10～30 份，中速复印机每分钟可复印 30～60 份，高速复印机每分钟可复印 60 份以上。目前大多数办公场所配备的是中、低速复印机。

根据复印机应用范围的不同，复印机可以分为主流办公型复印机、工程图纸复印机和便携式复印机。主流办公型复印机在日常办公设备中是最常见的复印机，以复 A3 幅面的产品为主。工程图纸复印机复印的幅面大，可达到 A0 幅面，常用来复印大型的工程图纸，根据技术原理的不同又分为模拟工程图纸复印机和数字工程图纸复印机。便携式复印机体积小巧，质量在 4～5 kg，携带方便，主要用来复印 A4 幅面的产品。

根据复印机用纸的不同，可分为特殊纸复印机和普通纸复印机两种。特殊纸复印机使用可感光的感光纸，普通纸复印机则使用普通纸。

根据复印机复印颜色的不同，可分为单色、双色及彩色复印机三种。

这里主要以静电复印机为例，介绍复印机的组成及工作原理。

2）静电复印机的组成

静电复印机主要由光学系统、成像系统、显影系统、定影系统、输纸系统、清洁系统及电气控制系统组成，如图 2-11 所示为静电复印机内部结构示意图。

（1）光学系统。

静电复印机的光学系统由光源、反射镜、镜头、挡粉玻璃、原稿台玻璃、导柱、反射罩等部分组成。光学系统的作用是将光源的光照射到原稿进行扫描，原稿反射出的光经光学系统投射到光导体上进行曝光，形成静电潜像。目前常用的曝光方式有三种：原稿移动式狭缝曝光、稿台移动光导纤维式曝光和稿台固定式曝光。

在稿台移动式扫描曝光系统中，原稿台玻璃往复运动对图像进行扫描，而曝光灯、镜头、反射镜固定不动，原稿台的移动速度与感光鼓一致或成一定比例。这种曝光方式具有结构简单、体积小、复印效果好的特点，但机器对稿台负荷能力较差，复印速度低，而且需要较大的工作空间，变倍挡次少。

在光导纤维式曝光系统中，两排光导纤维相互交错的叠在一起，光学系统中的镜头和反光镜被光导纤维矩阵代替，原稿图像的反射光线直接传输到感光鼓表面，形成静电潜像，这类复印机在工作时，光导纤维不动，工作台移动，因而体积小，结构简单，但系统分辨率较低，不能变倍。

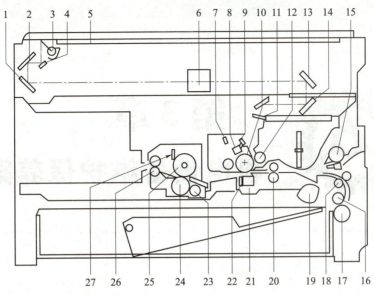

图 2-11 静电复印机内部结构示意图

1—第三反光镜；2—第二反光镜；3—原稿照明灯；4—第一反光镜；5—原稿台玻璃；6—镜头；7—预曝光灯；
8—主电晕丝；9—空白曝光灯；10—第六反光镜；11—防尘玻璃；12—显影滚筒；13—第四反光镜；
14—第五反光镜；15—多页手送搓纸轮；16—搬送轮；17—分离轮；18—垂直输纸辊；19—送纸辊；20—对位辊；
21—转印电晕丝；22—分离消电针；23—散热辊；24—定影下辊；
25—定影上辊；26—排纸轮；27—清洁刮板

目前绝大部分静电复印机采用的曝光方式是稿台固定式曝光，即原稿台和成像镜头固定不动，曝光时第一扫描反射镜从原稿的一端移向另一端，对原稿进行曝光．其移动速度和感光鼓表面线速度相等或成一定比例。为了保证物像关系，第二扫描反射镜也同时移动，其移动速度是第一扫描反射镜的一半，这样可保证物距在扫描过程中不发生改变。图形清晰。这种复印机稿台负荷能力较大，工作空间小，复印速度快，但要求光学扫描装置具有较高的移动准确度，运动时振动要小，尽量保持平稳。

习题与思考

1. 机电设备的特点是什么？
2. 数控车床属于哪种类型的机电设备？
3. 机电设备使用过程中要注意哪些方面？
4. 如何进行机电设备的维护与保养？
5. 为什么要进行机电设备维护？
6. 如何正确操作机电设备？
7. 机电设备发展的新趋势体现在哪些方面？

第3章
机电设备维护保养案例

案例1　数控机床的维护保养

任务描述

　　数控机床是一种应用广泛的典型机电设备，采用了数字控制来实现机械加工的高速度、高精度和高度自动化。数控机床的维护保养可以延长数控机床各元器件、数控系统和各种装置的使用寿命，同时预防故障及事故的发生，提高设备的工作效率。本案例归纳了数控机床日常维护内容和数控机床常见故障诊断方法，以 CKA6136 型数控车床为典型实例，重点介绍其结构、原理；日常及定期检查、维护保养工作；常见故障的诊断与处理方法。从而使操作者掌握数控机床的日常维护保养以及常见故障诊断与处理的基本方法和基础技能。

任务分析

　　了解数控机床的结构与原理有助于掌握其基础维护方法及常见故障的处理。严格遵守数控基础的安全操作规程，不仅是保障人身和设备安全的需要，也是设备能够正常工作的需要，在日常使用与维护时应按要求做好点检工作，同时做好维护记录。技术资料及维护维修资料是设备养护的指南，它在设备维护保养及维修工作中，可以提高维修工作效率和维修的准确性。

　　数控机床故障发生的原因一般都比较复杂，故障的种类和诊断方法也是多种多样的。数控机床发生的故障主要从机械、液压与气动、电气等这三者综合反映出来，使得数控系统全部或部分丧失功能，设备无法正常工作。对于出现的故障，应根据故障现象作出正确判断，

74

按照故障排除的方法和步骤安全排除故障，同时做好设备的基础维护。

 知识准备

一、数控机床的组成及工作过程

1. 数控机床的组成

数控机床一般是由控制介质、数控装置、伺服系统、检测反馈装置和机床本体等部分组成，其基本组成框图如图 3-1 所示。

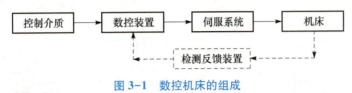

图 3-1 数控机床的组成

1）控制介质

控制介质是人与机床之间建立某种联系的信息载体的中间媒介物。它是用来记载零件加工的各种信息（如加工工艺过程、工艺参数和位移数据等），并将信息传送到数控装置，从而控制机床的运动，实现零件的机械加工。常用的控制介质有穿孔纸带、磁带、磁盘等。有些数控机床也可采用操作面板上的按钮和键盘直接输入加工程序；或通过串行口将计算机上编写的加工程序输入到数控系统中。

2）数控装置

数控装置是数控机床的核心，通常由输入装置、控制器、运算器和输出装置四大部分组成。它接收控制介质上的数字化信息，经过控制软件或逻辑电路进行编译、运算和逻辑处理后，输出各种信号和指令控制机床的各个部分，进行规定的、有序的动作。目前均采用微型计算机作为数控装置，用来完成数值计算、逻辑判断、输入输出控制等功能。

3）伺服系统

伺服系统是数控系统的执行部分，它由伺服驱动电动机和伺服驱动装置组成。它将接受数控装置的指令信息，并按指令信息的要求控制执行部件的进给速度、方向和位移。指令信息是以脉冲信息体现的，每一脉冲使机床移动部件产生的位移量叫脉冲当量（常用的脉冲当量为 0.001～0.1 mm）。

目前数控机床的伺服系统中，常用的位移执行机构有功率步进电动机、直流伺服电动机和交流伺服电动机，后两者均带有光电编码器等位置测量元件。

4）机床本体

机床本体是数控机床的主体，是用于完成各种切削加工的机械部分，主要由机床的基础大件（如床身、底座）和各运动部件（如工作台、主轴）组成。如床身、底座、立柱、横梁、滑座、工作台、主轴箱、进给机构、刀架及自动换刀装置等，是数控机床的主体。

5）检测反馈装置

检测反馈装置的作用是将机床的实际位置、速度等参数检测出来，转变成电信号，传输给数控装置，通过比较，校核机床的实际位置与指令位置是否一致，并由数控装置发出指令修正所产生的误差。检测反馈装置主要使用感应同步器、磁栅、光栅、激光测量仪等。

此外，数控机床还有一些辅助装置和附属设备，如电气、液压、气动系统与冷却、排屑、润滑、照明、储运等装置以及编程机、对刀仪等。

2. 数控机床的工作过程

数控机床的工作过程如图 3-2 所示。加工零件时，应先根据零件加工图纸的要求确定零件加工的工艺过程、工艺参数和刀具位移数据，再按照编程的有关规定编写加工程序，然后制作信息载体并将记载的加工信息输入到数控装置，在数控装置内部的控制软件支持下，经过处理、计算后，发出相应的指令，通过伺服系统使机床按预定的轨迹运动，完成对零件的切削加工。

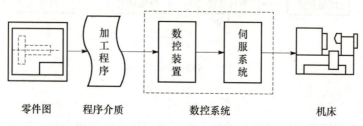

零件图　　　程序介质　　　　　数控系统　　　　　　机床

图 3-2　数控机床的工作过程

二、数控机床主要的日常维护与保养工作

1. 选择合适的使用环境

数控机床的使用环境（如温度、湿度、振动、电源电压、频率及干扰等）会影响机床的正常运转，所以在安装机床时应严格要求做到符合机床说明书规定的安装条件和要求。在经济条件许可的条件下，应将数控车床与普通机械加工设备隔离安装，以便于维修与保养。

2. 为数控车床配备专业人员

这些人员应熟悉所用机床的机械部分、数控系统、强电设备、液压、气压等部分及使用环境、加工条件等，并能按机床和系统使用说明书的要求正确使用数控车床。

3. 长期不用数控机床的维护与保养

在数控机床闲置不用时，应经常给数控系统通电，在机床锁住情况下，使其空运行。在空气湿度较大的梅雨季节应该天天通电，利用电器元件本身发热驱走数控柜内的潮气，以保证电子部件的性能稳定可靠。

4. 数控机床日常维护保养（见表 3-1）

1）数控系统中硬件控制部分的维护与保养

每年让有经验的维修电工检查一次。检测有关的参考电压是否在规定范围内，如电源模块的各路输出电压、数控单元参考电压等是否正常并清除灰尘；检查系统内各电器元件连接是否松动；检查各功能模块使用风扇运转是否正常并清除灰尘；检查伺服放大器和主轴放大器使用的外接式再生放电单元的连接是否可靠，清除灰尘；检测各功能模块使用的存储器后备电池的电压是否正常，一般应根据厂家的要求定期更换。对于长期停用的机床，应每月开机运行 4 小时，这样可以延长数控机床的使用寿命。

表 3-1　数控机床维护与保养一览表

序号	检查周期	检查部位	检查内容
1	每天	导轨润滑机构	油标、润滑泵，每天使用前手动打油润滑导轨
2	每天	导轨	清理切屑及脏物，滑动导轨检查有无划痕，滚动导轨润滑情况
3	每天	液压系统	油箱泵有无异常噪声，工作油面高度是否合适，压力表指示是否正常，有无泄漏
4	每天	主轴润滑油箱	油量、油质、温度、有无泄漏
5	每天	液压平衡系统	工作是否正常
6	每天	气源自动分水过滤器自动干燥器	及时清理分水器中过滤出的水分，检查压力
7	每天	电器箱散热、通风装置	冷却风扇工作是否正常，过滤器有无堵塞，及时清洗过滤器
8	每天	各种防护罩	有无松动、漏水，特别是导轨防护装置
9	每天	机床液压系统	液压泵有无噪声，压力表示数个接头有无松动，油面是否正常
10	每周	空气过滤器	坚持每周清洗一次，保持无尘，通畅，发现损坏及时更换
11	每周	各电气柜过滤网	清洗黏附的尘土
12	半年	滚珠丝杠	洗丝杠上的旧润滑脂，换新润滑脂
13	半年	液压油路	清洗各类阀、过滤器，清洗油箱底，换油
14	半年	主轴润滑箱	清洗过滤器，油箱，更换润滑油
15	半年	各轴导轨上镶条，压紧滚轮	按说明书要求调整松紧状态
16	一年	检查和更换电动机碳刷	检查换向器表面，去除毛刺，吹净碳粉，磨损过多的碳刷及时更换
17	一年	冷却油泵过滤器	清洗冷却油池，更换过滤器
18	不定期	主轴电动机冷却风扇	除尘，清理异物
19	不定期	运屑器	清理切屑，检查是否卡住
20	不定期	电源	供电网络大修，停电后检查电源的相序、电压
21	不定期	电动机传动带	调整传动带松紧
22	不定期	刀库	刀库定位情况，机械手相对主轴的位置
23	不定期	冷却液箱	随时检查液面高度，及时添加冷却液，太脏应及时更换

2）机床机械部分的维护与保养

操作者在每班加工结束后，应清扫干净散落于拖板、导轨等处的切屑；在工作时注意检查排屑器是否正常以免造成切屑堆积，损坏导轨精度，危及滚珠丝杠与导轨的寿命；在工作结束前，应将各伺服轴回归原点后停机。

3）机床主轴电动机的维护与保养

维修电工应每年检查一次伺服电动机和主轴电动机。着重检查其运行噪声、温升，若噪声过大，应查明原因，是轴承等机械问题还是与其相配的放大器的参数设置问题，采取相应措施加以解决。对于直流电动机，应对其电刷、换向器等进行检查、调整、维修或更换，使其工作状态良好。检查电动机端部的冷却风扇运转是否正常并清扫灰尘；检查电动机各连接插头是否松动。

4）机床进给伺服电动机的维护与保养

对于数控机床的伺服电动机，要在 10～12 个月进行一次维护保养，加速或者减速变化频繁的机床要在 2 个月进行一次维护保养。维护保养的主要内容有：用干燥的压缩空气吹除电刷的粉尘，检查电刷的磨损情况，如需更换，需选用规格相同的电刷，更换后要空载运行一定时间使其与换向器表面吻合；检查清扫电枢整流子以防止短路；如装有测速电动机和脉冲编码器时，也要进行检查和清扫。数控车床中的直流伺服电动机应每年至少检查一次，一般应在数控系统断电的情况下，并且电动机已完全冷却的情况下进行检查；取下橡胶刷帽，用螺钉旋具刀拧下刷盖取出电刷；测量电刷长度，如 FANUC 直流伺服电动机的电刷由 10 mm 磨损到小于 5 mm 时，必须更换同一型号的电刷；仔细检查电刷的弧形接触面是否有深沟和裂痕，以及电刷弹簧上是否有无打火痕迹。如有上述现象，则要考虑电动机的工作条件是否过分恶劣或电动机本身是否有问题。用不含金属粉末及水分的压缩空气导入装电刷的刷孔，吹净黏在刷孔壁上的电刷粉末。如果难以吹净，可用螺钉旋具尖轻轻清理，直至孔壁全部干净为止，但要注意不要碰到换向器表面。得新装上电刷，拧紧刷盖。如果更换了新电刷，应使电动机空运行跑合一段时间，以使电刷表面和换向器表面相吻合。

5）机床测量反馈元件的维护与保养

检测元件采用编码器、光栅尺的较多，也有使用感应同步器、磁尺、旋转变压器等。维修电工每周应检查一次检测元件连接是否松动，是否被油液或灰尘污染。

6）机床电气部分的维护与保养

具体检查可按如下步骤进行：

（1）检查三相电源的电压值是否正常，有无偏相，如果输入的电压超出允许范围则进行相应调整；

（2）检查所有电气连接是否良好；

（3）检查各类开关是否有效，可借助于数控系统 CRT 显示的自诊断画面及可编程机床控制器（PMC）、输入输出模块上的 LED 指示灯检查确认，若不良应更换；

（4）检查各继电器、接触器是否工作正常，触点是否完好，可利用数控编程语言编辑一个功能试验程序，通过运行该程序确认各元器件是否完好有效；

（5）检验热继电器、电弧抑制器等保护器件是否有效等。电气保养应由车间电工实施，每年检查调整一次。电气控制柜及操作面板显示器的箱门应密封，不能用打开柜门使用外部风扇冷却的方式降温。操作者应每月清扫一次电气柜防尘滤网，每天检查一次电气柜冷却风扇或空调运行是否正常。

7）机床液压系统的维护与保养

（1）操作者在使用过程中，应注意观察：

① 刀具自动换刀系统、自动拖板移动系统工作是否正常；

② 液压油箱内油位是否在允许的范围内，油温是否正常，冷却风扇是否正常运转；

③ 各液压阀、液压缸及管子接头是否有外漏；

④ 液压泵或液压马达运转时是否有异常噪声等现象；

⑤ 液压缸移动时工作是否正常平稳；

⑥ 液压系统的各测压点压力是否在规定的范围内，压力是否稳定；

⑦ 液压系统工作时有无高频振动；

⑧ 电气控制或撞块（凸轮）控制的换向阀工作是否灵敏可靠；

⑨ 行位开关或限位挡块的位置是否有变动；

⑩ 液压系统手动或自动工作循环时是否有异常现象；

⑪ 定期对油箱内的油液进行取样化验，检查油液质量，定期过滤或更换油液；

⑫ 定期检查蓄能器的工作性能；

⑬ 定期检查冷却器和加热器的工作性能；

⑭ 定期检查和旋紧重要部位的螺钉、螺母、接头和法兰螺钉；

⑮ 定期检查更换密封元件；

⑯ 定期检查清洗或更换液压元件；

⑰ 定期检查清洗或更换滤芯；

⑱ 定期检查或清洗液压油箱和管道。

（2）周保养。操作者每周应检查液压系统压力有无变化，如有变化，应查明原因，并调整至机床制造厂要求的范围内；

（3）月保养。每月应定期清扫液压油冷却器及冷却风扇上的灰尘；

（4）年保养。每年应清洗液压油过滤装置；检查液压油的油质，如果失效变质应及时更换，所用油品应是机床制造厂要求品牌或已经难确认可代用的品牌；每年检查调整一次主轴箱平衡缸的压力，使其符合出厂要求。

8）机床气动系统的维护与保养

保证供给洁净的压缩空气，压缩空气中通常都含有水分、油液和粉尘等杂质。水分会使管道、阀和气缸腐蚀；油液会使橡胶、塑料和密封材料变质；粉尘造成阀体动作失灵。选用合适的过滤器可以清除压缩空气中的杂质，使用过滤器时应及时排除和清理积存的液体，否则，当积存液体接近挡水板时，气流仍可将积存物卷起。保证空气中含有适量的润滑油，大多数气动执行元件和控制元件都有要求适度的润滑。润滑的方法一般采用油雾器进行喷雾润滑，油雾器一般安装在过滤器和减压阀之后。油雾器的供油量一般不宜过多，通常每 10 m³ 的自由空气供 1 mL 的油量（即 40 到 50 滴油）。检查润滑是否良好的一个方法是：找一张清洁的白纸放在换向阀的排气口附近，如果阀在工作三到四个循环后，白纸上只有很轻的斑点时，表明润滑是良好的。保持气动系统的密封性，漏气不仅增加了能量的消耗，也会导致供气压力的下降，甚至造成气动元件工作失常。严重的漏气在气动系统停止运行时，由漏气引起的噪声很容易发现；轻微的漏气则利用仪表，或用涂抹肥皂水的办法进行检查。保证气动元件中运动零件的灵敏性，从空气压缩机排出的压缩空气，包含有粒度为 0.01～0.08 μm 的压缩机油微粒，在排气温度为 120 ℃～220 ℃的高温下，这些油粒会迅速氧化，氧化后油粒颜色变深，黏性增大，并逐步由液态固化成油泥。这种 μm 级以下的颗粒，一般过滤器无法滤除。当它们进入到换向阀后便附着在阀芯上，使阀的灵敏度逐步降低，甚至出现动作失灵。为了清除油泥，保证灵敏度，可在气动系统的过滤器之后，安装油雾分离器，将油泥分离出。此外，定期清洗液压阀也可以保证阀的灵敏度。保证气动装置具有合适的工作压力和运动速度，调节工作压力时，压力表应当工作可靠，读数准确。减压阀与节流阀调节好后，必须紧固调压阀盖或锁紧螺母，防止松动。操作者应每天检查压缩空气的压力是否正常；过滤器需要手动排水的，夏季应两天排一次，冬季一周排一次；每月检查润滑器内的润滑油是否用完，及时添加规定品牌的润滑油。

9）机床润滑部分的维护与保养

各润滑部位必须按润滑图定期加油，注入的润滑油必须清洁。润滑处应每周定期加油一次，找出耗油量的规律，发现供油减少时应及时通知维修工检修。操作者应随时注意 CRT 显示器上的运动轴监控画面，发现电流增大等异常现象时，及时通知维修工维修。维修工每年应进行一次润滑油分配装置的检查，发现油路堵塞或漏油应及时疏通或修复。底座里的润滑油必须加到油标的最高线，以保证润滑工作的正常进行。因此，必须经常检查油位是否正确，润滑油应 5～6 个月更换一次。由于新机床各部件的初磨损较大，所以，第一次和第二次换油的时间应提前到每月换一次，以便及时清除污物。废油排出后，箱内（包括床头箱及底座内油箱）应用煤油冲洗干净，同时清洗或更换滤油器。

10）可编程机床控制器（NC）的维护与保养

主要检查 NC 的电源模块的电压输出是否正常；输入输出模块的接线是否松动；输出模块内各路熔断器是否完好；后备电池的电压是否正常，必要时进行更换。对 NC 输入输出点的检查可利用 CRT 上的诊断画面用置位复位的方式检查，也可用运行功能试验程序的方法检查。

11）电池的更换

有些数控系统的参数存储器是采用 CMOS 元件，其存储内容在断电时靠电池带电保持。一般应在一年内更换一次电池，并且一定要在数控系统通电的状态下进行，否则会使存储参数丢失，导致数控系统不能工作。

12）及时清扫

清扫内容包括空气过滤器的清扫、电气柜的清扫、印制线路板的清扫。

13）轴承润滑脂更换

X，Z 轴进给部分的轴承润滑脂，应每年更换一次，更换时，一定要把轴承清洗干净。

14）过滤器的维护与保养

自动润滑泵里的过滤器每月清洗一次，各个刮屑板应每月用煤油清洗一次，发现损坏时应及时更换。

表 3-1 中仅列出了一些常规检查内容，对一些机床上频繁运动的元器件，无论是机械还是控制部分，都应作为重点定时检查对象。

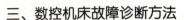

三、数控机床故障诊断方法

对于数控机床发生的大多数故障，可采用如下几种方法来进行故障诊断。

1. 直观检查法（观察检查法）

直观检查法是利用自身的感觉器官（如眼、耳、鼻、手等）查找故障的方法，这种方法要求检查人员具有丰富的实践经验以及综合判断能力。这种用人的感觉器官对机床进行诊断的技术，称为"实用诊断技术"。

2. 系统自诊断法

充分利用数控系统的自诊断功能，根据 CRT 上显示的报警信息及各模块上的发光二极管等器件的指示，可判断出故障的大致起因。进一步利用系统的自诊断功能，还能显示系统与各部分之间的接口信号状态，找出故障的大致部位，它是故障诊断过程中最常用、有效的方法之一。

3. 参数检查法

数控系统的机床参数是保证机器正常运行的前提条件，它们直接影响着数控机床的性能。

参数通常存放在系统存储器中，一旦电池不足或受到外界的干扰，可能导致部分参数的丢失或变化，使机床无法正常工作。通过核对、调整参数，有时可以迅速排除故障，特别是对于机床长期不用的情况，参数丢失的现象经常发生，因此，检查和恢复机床参数是排除此类故障行之有效的方法之一。另外，数控机床经过长期运行之后，由于机械运动部件磨损、电气元件性能变化等原因，也需对有关参数进行重新调整。

4. 功能测试法

所谓功能测试法，就是通过功能测试程序，检查机床的实际动作，判别故障的一种方法。功能测试可以将系统的功能（如直线定位、圆弧插补、螺纹切削、固定循环、用户宏程序等）用手工编程方法，编制一个功能测试程序，并通过运行测试程序，来检查机床执行这些功能的准确性和可靠性，进而判断出故障发生的原因。

5. 部件交换法

所谓部件交换法，就是在故障范围大致确认，并在确认外部条件完全正确的情况下，利用同样的印制电路板、模块、集成电路芯片或匹配元件替换有疑点的部分的方法。部件交换法是一种简单、易行、可靠的方法，也是维修过程中最常用的故障判别方法之一。

6. 测量比较法

数控系统的印制电路板制造时，为了调整、维修的便利通常都设置有检测用的测量端子。维修人员利用这些检测端子，可以测量、比较正常的印制电路板和有故障的印制电路板之间的电压或波形的差异，进而分析、判断故障原因及故障所在位置。

7. 原理分析法

根据数控系统的组成及工作原理，从原理上分析各点的电平和参数，并利用万用表、示波器或逻辑分析仪等仪器对其进行测量、分析和比较，进而对故障进行系统检查的一种方法。

运用这种方法要求有较高的故障分析水平，对整个系统或各部分电路有清楚、深入的了解才能进行。

任务实施

1. CKA6136 数控车床日常维护与资料建档

一、实施目标

1. 认识数控机床组成。

2. 掌握数控机床的维护与保养基础技术。

3. 养成规范操作、认真细致、严谨求实的工作态度。

二、实施准备

1. 阅读教材，参考资料、设备技术资料，查阅网络。

2. 实验仪器与设备：数控设备综合实验台、CKA6136 卧式数控车床、扳手、起子、刷子等。

三、相关知识

1. CKA6136 卧式数控车床简介

本机床采用卧式车床布局，整体防护结构如图 3-3 所示，有效防止切屑及冷却水的飞溅，使用安全，布局紧凑占地面积小。

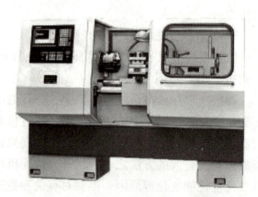

图 3-3　CKA6136 数控车床外观图

1）机床主要技术规格参数（见表 3-2）

表 3-2　机床主要技术规格参数

序号	项　　目		单位	规格参数	
				750	1000
1	床身上最大回转直径		mm	$\phi360$	
	滑板上最大回转直径		mm	$\phi180$	
	最大车削直径		mm	$\phi360$（四工位立式刀架）$\phi300$（六工位卧式刀架）	
	最大加工长度		mm	550	800
	主轴中心到床身导轨面距离		mm	186	
	主轴中心线距地面距离		mm	1 050	
2	行程	X 坐标	mm	230	
		Z 坐标	mm	560	810
3	进给速度	X轴 工进	mm/min	0.01～3 000	
		X轴 快进	mm/min	4 000	
		Z轴 工进	mm/min	0.01～4 000	
		Z轴 快进	mm/min	5 000	

续表

序号	项 目		单位	规格参数	
				750	1000
4	主轴	主轴转速范围（手动型）	r/min	32～2 000	
		主轴转速范围（手动变频型）	r/min	32～2 500	
		主轴转速范围（单主轴变频型）	r/min	200～3 500	
		主轴转速范围（单主轴伺服型）	r/min	200～4 000	
		主轴头形式（手动变频型）	—	A_26	
		主轴头形式（单主轴型）	—	A_25	
		主轴通孔直径（单主轴型）	mm	$\phi40$	
		主轴通孔直径	mm	$\phi48$（手动）$\phi52$（变频）	
5	刀架	刀位数	位	4/6	
		车刀刀柄尺寸	mm	20×20	20×20
		换刀时间	s	2.4	3.0
6	尾架			手动	液压
		尾架套筒最大行程	mm	130	120
		尾架套筒直径	mm	$\phi60$	$\phi60$
		尾架芯轴锥孔锥度	模式	4	4
7	电动机	主电动机（手动型）	功率 kW	3/4.5	
			转速 r/min	140/720	
		主电动机（变频型）	功率 kW	5.5（单主轴）	5.5（手动）
			转速 r/min	4 375	4 500
		主电动机（伺服型）	功率 kW	7.5	
			转速 r/min	6 000	
		X轴伺服电动机	种类	大安 J60L / 广州 980TA	802CB / FANUC βi
			功率 kW	1.2 / 1.0	0.78 / 1.2
			转速 r/min	2 000 / 2 000	3 000 / 3 000
		Z轴伺服电动机	种类	大安 J60L / 广州 980TA	802CB / FANUC βi
			功率 kW	1.2 / 1.5	1.57 / 1.2
			转速 r/min	2 000 / 2 000	3 000 / 3 000
		冷却泵电动机	功率 kW	0.09	
			流量 L/min	25	
		集中润滑装置电动机	功率 W	3	
			排量 mL/次	2.5	

续表

序号	项 目			单位	规格参数	
					750	1000
8	滚珠丝杠	X轴	直径	mm	$\phi20$	
			螺距	mm	5	
		Z轴	直径	mm	$\phi32$	
			螺距	mm	5	
9	卡盘型号		K11165A25GL（单主轴手动）		K11205A26G（手动、变频型手动）	
10	其他	机床外形尺寸（长×宽×高）		mm	2 300×1 300×1 610	2 550×1 300×1 610
		机床包装箱尺寸（长×宽×高）		mm	2 695×1 835×2 245	2 945×1 835×2 245
		机床净质量		kg	1 600	1 650

2）机床的润滑及用油说明

为了确保机床正常工作，机床所有的摩擦表面均应按规定进行充分的润滑，并确认各润滑油箱内是否有足够的润滑油。

手动床头箱采用油浴润滑，轴、齿轮旋转时，油飞溅而起，润滑油泵、轴和齿轮，油面需保持在一定高度，拧床头箱主轴后端下方的油塞，便可放去旧油，通过床头箱侧壁的油杯可加入新油，油要加到油窗1/3处。

单主轴的床头箱采用长效润滑脂润滑，每个大修周期加入油脂即可。当集中润滑器油液处于低位时，能自动报警，此时须及时添加润滑油。

按表3-3规定使用润滑油，尽可能不采用代用品。

表3-3　机床用油说明

润滑部位	规定用油		备注	
	牌号	黏度/$(mm^2 \cdot s^{-1})$	润滑方法	换油周期
手动、变频床头箱	L-FC15	32	注油到床头箱内	第一次一个月一次，以后每两月一次
单主轴床头箱	KLUBER		油脂润滑	五到六年一次
床鞍及纵向滚珠丝杠副	L-HL46	46	机床床鞍集中润滑油箱	1.8 L
横向滚珠丝杠副	L-HL46	46	机床床鞍集中润滑油箱	1.8 L
滚珠丝杠支撑	锡炼牌1号特级润滑脂			
尾架	L-HL46	46		

2. CKA6136 型数控卧式车床维护保养

1）数控卧式车床维护与保养相关资料

下面从数控机床基本组成着手，建立数控机床日常维护及维修相关的技术资料。

（1）控制介质部分的技术资料。做好数据和程序的备份。内容主要有系统参数、PLC程序、PLC报警文本，还有机床必须使用的宏指令程序、典型的零件程序、系统的功能检查程序等。对于一些装有硬盘驱动器的数控系统，应有硬盘文件的备份。

（2）数控装置部分的技术资料。应有数控装置安装、使用（包括编程）、操作和维修方面的技术说明书，其中包括数控装置操作面板布置及其操作、装置内各电路板的技术要点及其外部连接图、系统参数的意义及其设定方法，装置的自诊断功能和报警清单，装置接口的分配及其含义等。

（3）PLC装置部分技术资料。应有PLC装置及其编程器的连接、编程、操作方面的技术说明书，还应包括PLC用户程序清单或梯形图、I/O地址及意义清单、报警文本以及PLC的外部连接图。

（4）伺服单元技术资料。应有进给和主轴伺服单元原理、连接、调整和维修方面的技术说明书，其中包括伺服单元的电气原理框图和接线图、主要故障的报警显示、重要的调整点和测试点、伺服单元参数的意义和设置。

（5）机床部分的技术资料。应有机床安装、使用、操作和维修方面的技术说明书，其中包括机床的操作面板布置及其操作，机床电气原理图、布置图以及接线图。对电气维修人员来说，还需要机床的液压回路图和气动回路图。

（6）其他技术资料。有关元器件方面的技术资料，如数控设备所用的元器件清单，备件清单以及各种通用的元器件手册。维修人员应熟悉各种常用的元器件，一旦需要，能较快地查阅有关元器件的功能、参数及代用型号。对一些专用器件可查出其订货编号。

另外，故障处理记录是十分有用的技术资料。维护人员在完成故障排除之后，应认真做好记录，将故障现象、诊断、分析、排除方法一一加以记录。

2）日常维护保养（见表3-1、表3-4）

表 3-4　CKA6136 型数控卧式车床的日常常规检查

序号	检查部位	检查内容	备　注
1	操纵面板	开关和手柄的功能是否正常，是否显示报警	
2	冷却风扇	控制箱及操作面板上的风扇是否转动	
3	安全装置	功能是否发挥正常	
4	床头润滑箱油位仪	是否有足够的油量	油量不足，请添加
	集中润滑器泊位仪	油是否有明显的污染	
5	导轨	润滑油量是否充足，刮屑板是否损坏	
6	移动件	是否有噪声和振动，移动是否平滑和正常	
7	外部电线、电缆线	有无断线处，绝缘包皮有无破损	

序号	检查部位	检查内容	备注
8	管路	是否有油泄漏，是否有冷却液泄漏	
9	冷却液面	冷却液面是否合适	必要时应增添
		冷却液是否有明显的污染	必要时应更换
		油盘过滤器是否受堵	必要时应更换
10	电动机、齿轮箱其他旋转部分	是否产生噪声或振动，是否有异常发热	
11	卡盘润滑	用润滑油润滑卡爪周围	每周一次
12	清扫	清扫卡盘表面、刀架、滑板及后防护罩，并清除切屑	工作结束时进行

3. CKA6136 型数控卧式车床通电检查

（1）数控机床通电试车。机床通电试车一般采用各部件分别供电试验，然后再做各部件全面供电试验。通电后首先观察各部分有无异常，有无报警故障，然后用手动方式陆续启动各部件，并检查安全装置是否起作用，能否正常工作，能否达到额定的工作指标。例如启动液压系统时，先判断液压泵电动机转向是否正确，系统压力是否可以形成，各液压元件是否正常工作，有无异常噪声，液压系统冷却装置能否正常工作等。

在数控系统与机床联机通电试车时，虽然数控系统已经确认，工作正常无任何报警，但为了预防万一，应在接通电源的同时，做好按压急停按钮的准备，以便随时准备切断电源。例如，伺服电动机的反馈信号线接反了或断线，均会出现机床"飞车"现象，这时就需要立即切断电源，检查接线是否正确。

（2）故障诊断步骤。故障诊断一般按下列步骤进行：

① 详细了解故障情况。例如当数控机床发生振动或超调现象时，要弄清楚是发生在全部轴还是某一轴。如果是某一轴，是全程还是某一位置，是一运动就发生还是仅在快速、进给状态某速度、加速或减速的某个状态下发生。为了进一步了解故障情况，要对数控机床进行初步检查，并着重检查 CRT 上的显示内容、控制柜中的故障指示灯、状态指示灯或作报警用的数码管。当故障情况允许时，最好开机试验，详细观察故障情况。

② 分析故障原因。当前的 CNC 系统智能化程度都比较低，系统尚不能自动诊断出发生故障的确切原因。往往是同一报警号可以有多种起因，不可能将故障缩小到具体的某一部件。因此，在分析故障的起因时，一定要思路开阔，可根据故障现象分析故障可能存在的位置，即哪一部分出现故障可能导致如此现象。

③ 由表及里进行故障源查找。对于数控机床发生的大多数故障，可采用如下几种方法由表及里来进行故障诊断。

a. 直观检查法（观察检查法）。

直观检查法是利用自身的感觉器官（如眼、耳、鼻、手等）查找故障的方法，这种方法要求检查人员具有丰富的实践经验以及综合判断能力。这种用人的感觉器官对机床进行诊断的技术，称为"实用诊断技术"。

b. 系统自诊断法。

充分利用数控系统的自诊断功能，根据 CRT 上显示的报警信息及各模块上的发光二极管等器件的指示，可判断出故障的大致起因。进一步利用系统的自诊断功能，还能显示系统与各部分之间的接口信号状态，找出故障的大致部位，它是故障诊断过程中最常用、有效的方法之一。

c. 参数检查法。

数控系统的机床参数是保证机器正常运行的前提条件，它们直接影响着数控机床的性能。

参数通常存放在系统存储器中，一旦电池不足或受到外界的干扰，可能导致部分参数的丢失或变化，使机床无法正常工作。通过核对、调整参数，有时可以迅速排除故障，特别是对于机床长期不用的情况，参数丢失的现象经常发生，因此，检查和恢复机床参数是排除此类故障行之有效的方法之一。另外，数控机床经过长期运行之后，由于机械运动部件磨损，电气元件性能变化等原因，也需对有关参数进行重新调整。

d. 功能测试法。

所谓功能测试法是通过功能测试程序，检查机床的实际动作，判别故障的一种方法。功能测试可以将系统的功能（如直线定位、圆弧插补、螺纹切削、固定循环、用户宏程序等），用手工编程方法，编制一个功能测试程序，并通过运行测试程序，来检查机床执行这些功能的准确性和可靠性，进而判断出故障发生的原因。

e. 部件交换法。

所谓部件交换法，就是在故障范围大致确认，并在确认外部条件完全正确的情况下，利用同样的印制电路板、模块、集成电路芯片或匹配元件替换有疑点的部分的方法。部件交换法是一种简单、易行、可靠的方法，也是维修过程中最常用的故障判别方法之一。

f. 测量比较法。

数控系统的印制电路板制造时，为了调整、维修的便利通常都设置有检测用的测量端子。维修人员利用这些检测端子，可以测量、比较正常的印制电路板和有故障的印制电路板之间的电压或波形的差异，进而分析、判断故障原因及故障所在位置。

g. 原理分析法。

根据数控系统的组成及工作原理，从原理上分析各点的电平和参数，并利用万用表、示波器或逻辑分析仪等仪器对其进行测量、分析和比较，进而对故障进行系统检查的一种方法。

根据故障情况进行分析，缩小范围，确定故障源查找的方向和手段。有些故障与其他部分联系较少，容易确定查找的方向，而有些故障原因很多，难以用简单的方法确定出故障源查找方向，这就要仔细查阅有关的数控机床资料，弄清与故障有关的各种因素，确定若干个查找方向，并逐一进行查找。

故障查找一般是从易到难，从外围到内部逐步进行。所谓难易，包括技术上的复杂程度和拆卸装配方面的难易程度。技术上的复杂程度是指判断其是否有故障存在的难易程度。在故障诊断的过程中，首先应该检查可直接接近或经过简单的拆卸即可进行检查的那些部位，然后检查要进行大量拆卸工作之后才能接近和进行检查的部位。

四、实施内容

1. 观察数控机床结构组成。

2. 进行数控机床日常常规检查与基础维护。

3. 建立机床维护保养资料。

五、实施步骤

1. 认识 CKA6136 数控车床，观察其结构组成。

2. 开机前进行机床常规检查。

3. 开机，通电检查。

4. 关机，进行设备与场地清理与日常维护。

5. 设备维护保养资料建档。

六、注意事项

1. 要注意人身及设备的安全，未经指导教师许可，不得擅自任意操作。

2. 调整要注意使用适当的工具，在正确的部位加力。

3. 操作与保养数控机床要按规定时间完成，符合基本操作规范，并注意安全。

4. 实验完毕后，要注意清理现场，清洁机床，对机床及时润滑。

七、实施评价

"CKA6136 数控车床的日常维护与资料建档"评价表

指标评分	结构分析	通电检查	机床基础维护	资料建档	参与态度	动作技能	合计
标准分	20	20	20	20	10	10	100
扣分							
得分							
评价意见：							
评价人：							

 任务实施

2. 机床主传动系统的基础维护与保养

一、实施目标

1. 认识数控机床主传动系统组成。

2. 掌握数控机床的维护与保养基础技术。

3. 养成规范操作、认真细致、严谨求实的工作态度。

二、实施准备

1. 阅读教材，参考资料、设备技术资料，查阅网络。

2. 实验仪器与设备：数控设备综合实验台、CKA6136 卧式数控车床、扳手、起子、刷子等。

三、相关知识

1. CKA6136 卧式数控车床的主传动系统（如图 3-4 所示）

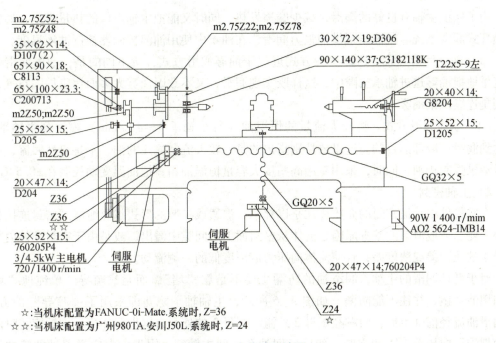

m2.75Z52;
m2.75Z48

m2.75Z22;m2.75Z78

30×72×19;D306

90×140×37;C3182118K

T22x5-9左

35×62×14;
D107（2）

65×90×18;
C8113

65×100×23.3;
C200713

m2Z50;m2Z50

25×52×15;
D205

m2Z50

20×40×14;
G8204

25×52×15;
D1205

GQ32×5

20×47×14;
D204

Z36

Z36

25×52×15;
760205P4

3/4.5kW 主电机
720/1400 r/min

伺服
电机

伺服
电机

GQ20×5

90W 1 400 r/mim
AO2 5624-IMB14

20×47×14;760204P4

Z36

Z24
☆

☆:当机床配置为 FANUC-0i-Mate.系统时，Z=36
☆☆:当机床配置为广州 980TA.安川 J50L.系统时，Z=24

图 3-4　主传动系统图

主传动可采用手动两挡变速（变频电动机+手动床头），主电动机采用变频电动机、床头箱采用手动两挡变速使主轴得到高低两个区域转速、区域内转速无级调速，用户可根据工件直径及合理的切削速度通过计算确定最佳转速。

机床动力由电动机经皮带直接传入床头箱，主轴的正、反转由电动机直接正反转实现。

手动变频床头箱的主轴结构如图 3-5 所示。

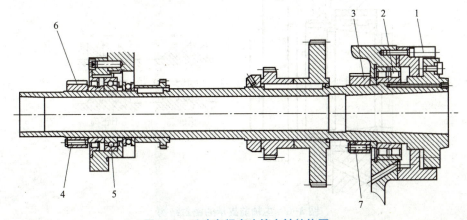

图 3-5　手动变频床头箱主轴结构图

2. 主轴部件的基本要求

无论哪种机床的主轴部件都应能满足下述几个方面的要求：主轴的回转精度、主轴部件的结构刚度和抗振性、运转温度和热稳定性，以及部件的耐磨性和精度保持性等。

3. 主轴部件的维护

1）主轴润滑

为了保证主轴有良好的润滑，减少摩擦发热，同时又能把主轴组件的热量带走，通常采用循环式润滑系统。用液压泵供油强力润滑，在油箱中使用油温控制器控制油液温度。

（1）油气润滑方式。这种润滑方式近似于油雾润滑方式，所不同的是，油气润滑是定时定量地把油雾送进轴承空隙中，这样既实现润滑，又不致因油雾太多而污染周围空气，后者则是连续供给油雾。

（2）喷注润滑方式。将较大流量的恒温油（每个轴承 3～4 L/min）喷注到主轴轴承，以达到润滑、冷却的目的。这里要特别指出的是，较大流量喷注的油，不是自然回流，而是用排油泵强制排油，同时，采用专用高精度大容量恒温油箱，把油温变动控制在±0.5 ℃。

2）主轴密封

在密封件中，被密封的介质往往是以穿漏、渗透或扩散的形式越界泄漏到密封连接处的另外一侧。造成泄漏的基本原因是流体从密封面上的间隙中溢出，或是由于密封部件内外两侧介质的压力差或浓度差，致使流体向压力或浓度低的一侧流动。

对于循环润滑的主轴，润滑油的防漏主要不是靠"堵"，而是靠疏导。单纯地"堵"，例如用油毛毡，往往不能防漏。如图 3-6 所示，主轴轴承防漏即采用了"疏导"的方法。其润滑油流经前轴承后，向右经螺母 2 外溢。螺母 2 的外圆有锯齿形环槽，主轴旋转时的离心力把油甩向压盖 1 内的空腔，然后经回油孔流回主轴箱。锯齿方向应逆着油的流向，如图 3-6 中的小图所示，图中的箭头表示油的流动方向。环槽应有 2～3 条，因油被甩至空腔后，可能有少量的油会被溅回螺母 2，前面的环槽可以再甩。回油孔的直径，应大于 $\phi 6$ mm以保证回油畅通。要使间隙密封结构能在一定的压力和温度范围内具有良好的密封防漏性能，必须保证法兰盘与主轴及轴承端面的配合间隙。

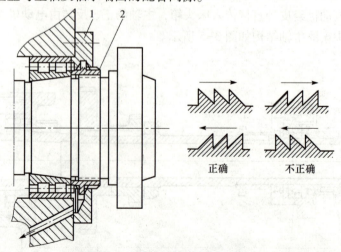

图 3-6　主轴前支承的密封结构

1—压盖；2—螺母

（1）法兰盘与主轴的配合间隙应控制在 0.1～0.2 mm（单边）范围内。如果间隙过大，则泄漏量将按间隙的 3 次方扩大；若间隙过小，由于加工及安装误差，容易发生与主轴局部接触，使主轴局部升温并产生噪声。

（2）法兰盘内端面与轴承端面的间隙应控制 0.15～0.3 mm 之间。小间隙可使外溢油直接被挡住，并沿法兰盘内端面下部的泄油孔流回油箱。

（3）法兰盘上的沟槽与主轴上的护油槽对齐，以保证被主轴甩至法兰盘沟槽内腔的油液能可靠地流回油箱。

在油脂润滑状态下使用该密封结构时，取消了法兰盘泄油孔及回油斜孔，并且有关配合间隙适当放大，经正确加工及装配后同样可达到较为理想的密封效果。

另外，要保证主轴部件的正常运转，还应定期调整主轴驱动带的松紧程度，防止因驱动带打滑造成的丢转现象；检查主轴润滑的恒温油箱，调节温度范围，及时补充油量，并清洗过滤器；主轴中刀具夹紧装置长时间使用后，会产生间隙，影响刀具的夹紧，需及时调整液压缸活塞的位移量。

4. 主轴部件的常见故障及其诊断排除方法（见表 3-5）

表 3-5　主轴部件的常见故障及其诊断排除方法

序号	故障现象	故障原因	排除方法
1	加工精度达不到要求	机床在运输过程中受到冲击	检查对机床精度有影响的各部位，特别是导轨副，并按出厂精度要求重新调整或修复
		安装不牢固、安装精度低或有变化	重新安装调平、紧固
2	切削振动大	主轴箱和床身连接螺钉松动	恢复精度后紧固连接螺钉
		轴承预紧力不够，游隙过大	重新调整轴承游隙。但预紧力不宜过大，以免损坏轴承
		轴承预紧螺母松动，使主轴窜动	紧固螺母，确保主轴精度合格
		轴承拉毛或损坏	更换轴承
		主轴与箱体超差	修理主轴或箱体，使其配合精度、位置精度达到要求
		其他因素	检查刀具或切削工艺问题
		如果是车床，则可能是转塔刀架运动部位松动或压力不够而未卡紧	调整修理
3	主轴箱噪声大	主轴部件动平衡不好	重做动平衡
		齿轮啮合间隙不均匀或严重损伤	调整间隙或更换齿轮
		轴承损坏或传动轴弯曲	修复或更换轴承，校直传动轴
		传动带长度不一或过松	调整或更换传动带，不能新旧混用
		齿轮精度差	更换齿轮
		润滑不良	调整润滑油量，保持主轴箱的清洁度

四、实施内容

1. 观察数控机床主传动系统组成。

2. 进行数控机床主传动系统的基础维护。

五、实施步骤

1. 认识主轴箱,观察主传动组成,分析工作原理及控制方式。

2. 主电动机传动带松紧调整(见图 3-7)。

主电动机安装在床头箱下方床腿的底板 4 上,皮带 5 松紧的调整由螺母 1、2 及螺杆 3 完成。具体操作步骤如下:

(1)打开机床左端防护盖,对传动带进行检查。

(2)若带松动,将螺母 2 向下旋。

(3)再将螺母 1 向下旋,进行传动带松紧调节。

(4)调节合适后,将螺母 2 向上旋紧。

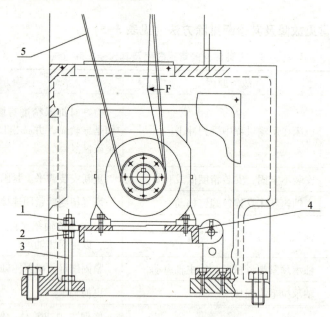

图 3-7 主电动机传动装置

1,2—螺母;3—螺杆;4—底板;5—皮带

3. 主轴轴承的调整。

主轴轴承的调整对加工精度,粗糙度和切削能力都有很大的影响。间隙过大,使刚性下降,间隙过小,则会使主轴运转温升过高,都会使机床处于不正常工作状态。根据制造标准,主轴连续运转,前后轴承的允许温度为 70 ℃。

1)主轴前轴承调整(见图 3-5)

主轴前轴承采用预紧轴承结构,当机床使用一段时间后,轴承产生磨损,使间隙增大,此时需要调整轴承,使间隙减少。

(1)先将锁紧螺母 3 上紧固螺钉 7 松开。

(2)然后向主轴正转方向稍微转动螺母,使双列向心短圆柱滚子轴承 2 的内环向前移动,减少轴承的间隙。

（3）用手转动卡盘,应感觉比调整前稍紧,但仍转动灵活（通常可自由转动 1.5～2 转左右）,调整合适后,把螺母 3 上的紧固螺钉 7 固紧。

2）主轴后轴承调整（见图 3-5）

（1）先将主轴尾部锁紧螺母 6 上的紧固螺钉 4 松开。

（2）再向主轴正转方向适当旋紧螺母 6,轴承 5 向右移动,减小主轴的轴向间隙。

（3）调整合适后,把螺母 6 上的螺钉 4 固定紧。

4. 进行主传动系统清理与润滑。

5. 进行数控机床的基础维护（参考表 3-1）。

六、注意事项

1. 要注意人身及设备的安全。关闭电源后,方可观察机床内部结构。

2. 未经指导教师许可,不得擅自任意操作。

3. 调整要注意使用适当的工具,在正确的部位加力。

4. 操作与保养数控机床要按规定时间完成,符合基本操作规范,并注意安全。

5. 实验完毕后,要注意清理现场,清洁机床,对机床及时润滑。

七、实施评价

"主传动系统的基础维护与保养"评价表

指标评分	结构分析	主电动机驱动带调整	主轴轴承调整	主传动系统清理与润滑	机床基础维护	参与态度	动作技能	合计
标准分	20	20	20	10	10	10	10	100
扣分								
得分								
评价意见:								
评价人:								

 任务实施

3. 滚珠丝杠部件的基础维护与保养

一、实施目标

1. 了解数控机床进给传动系统的组成及传动原理。

2. 掌握数控机床滚珠丝杠部件的维护与保养基础技术。

3. 养成规范操作、认真细致、严谨求实的工作态度。

二、实施准备

1. 阅读教材,参考资料,查阅网络。

2. 实验仪器与设备：数控系统综合实验台、CKA6136 卧式数控车床、车刀、扳手、起子等。

三、相关知识

1. 进给传动系统机械部分的基本组成

与卧式数控车床进给系统有关的机械部分一般由导轨、机械传动装置、工作台等组成，基本结构如图 3-8 所示。

卧式数控车床 Z、X 两方向的运动由伺服电动机直接或间接驱动滚珠丝杠运动同时带动刀架移动，形成纵横向切削运动，从而实现车床进给运动。

2. 滚珠丝杠螺母副的结构

滚珠丝杠螺母副是把由进给电动机带动的旋转运动，转化为刀架或工作台的直线运动。螺母的螺旋槽的两端用回珠器连接起来，使滚珠能够周而复始地循环运动，管道的两端还起着挡珠的作用，以防滚珠沿滚道掉出。滚珠丝杠螺母副必须有可靠的轴向消除间隙的机构，并易于调整安装，具体如图 3-9 所示。

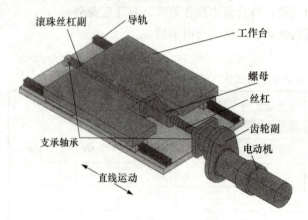

图 3-8　数控车床进给系统基本结构

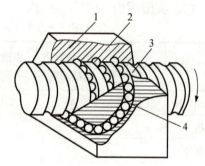

图 3-9　滚珠丝杠螺母副结构

1—螺母；2—滚珠；

3—丝杠；4—滚珠回路管道

3. 滚珠丝杠螺母副的维护

定期检查、调整丝杠螺纹副的轴向间隙，保证反向传动精度和轴向刚度；定期检查丝杠与床身的连接是否有松动；丝杠防护装置有损坏要及时更换，以防灰尘或切屑进入。

1）轴向间隙的调整

数控机床的进给机械传动采用滚珠丝杠将旋转运动转换为直线运动。滚珠丝杠副的轴向间隙，源于两项因素的总和：第一是负载时滚珠与滚道型面接触的弹性变形所引起的螺母相对丝杠位移量；第二是丝杠与螺母几何间隙。丝杠与螺母的轴向间隙是传动中的反向运动死区，它使丝杠在反向转动时螺母产生运动滞后，直接影响进给运动的传动精度。其结构形式有下述三种：

（1）双螺母垫片调隙式。如图 3-10 所示，其结构是通过改变垫片的厚度，使两个螺母间产生轴向位移，从而两螺母分别与丝杠螺纹滚道的左、右侧接触，达到消除间隙和产生预紧力的作用。这种调整垫片结构简单可靠、刚性好，但调整费时，且不能在工作中随意调整。

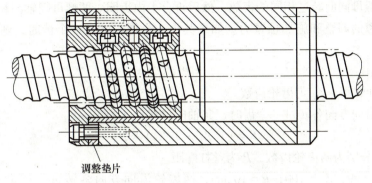

调整垫片

图 3-10　双螺母垫片调隙式结构

（2）双螺母螺纹调隙式。如图 3-11 所示为利用螺母来实现预紧的结构。两个螺母以平键与外套相连，平键可限制螺母在外套内转动，其中右边的一个螺母外伸部分有螺纹。用两个锁紧螺母 1 和 2 能使螺母相对丝杠做轴向移动。这种结构既紧凑，工作又可靠，调整也方便，故应用较广；但调整位移量不易精确控制，因此，预紧力也不能准确控制。

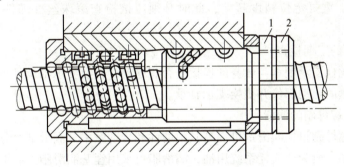

1　2

图 3-11　双螺母螺纹调隙式结构

1，2—螺母

（3）双螺母齿差调隙式。如图 3-12 所示为双螺母齿差调隙式调整结构。

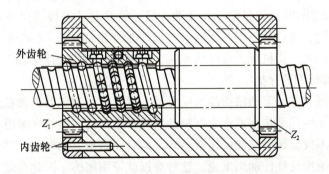

外齿轮

Z_1

内齿轮

Z_2

图 3-12　双螺母齿差调隙式结构

在两个螺母的凸缘上分别有齿数为 Z_1、Z_2 的齿轮，而且 Z_1 与 Z_2 相差一个齿。两个齿轮分别与两端相应的内齿圈相啮合。内齿圈紧固在螺母座上，调整轴向间隙时使齿轮脱开内齿圈，令两个螺母同向转过相同的齿数，然后再合上内齿圈。两螺母间轴向相对位置发生变化从而实现间隙的调整和施加预紧力。如果其中一个螺母转过一个齿时，则其轴向位移量 S 为：

$$S = P/Z_1$$

式中，P 为丝杠螺距，Z_1 为齿轮齿数。

如两齿轮沿同方向各转过一个齿时，其轴向位移量 S 为：

$$S = (1/Z_1 - 1/Z_2) \times P$$

式中，Z_1，Z_2 分别为两齿轮齿数，P 为丝杠螺距。

例如当 $Z_1 = 99$，$Z_2 = 100$，$P = 10$ mm，两齿轮沿同方向各转过一个齿时，则 $S = 10/9\,900$ mm ≈ 1 μm。

即两个螺母间产生 1 μm 的位移。这种调整方式的机构结构复杂，但调整准确可靠、精度高。

综上所述，数控机床是由伺服电动机将动力传至滚珠丝杠，再由丝杠螺母带动床鞍或滑板实现纵、横向进给运动。当机床长期工作后，由于种种原因会使丝杆的反向间隙、机床的定位精度、重复定位精度超差，此时必须应该检查滚珠丝杠部件，调整滚珠丝杠轴向间隙。

2）支承轴承的定期检查

应定期检查丝杠支承轴承与床身的连接是否有松动，以及支承轴承是否损坏等。如有以上问题，要及时紧固松动部位并更换支承轴承。

3）滚珠丝杠螺母副的润滑

在滚珠丝杠螺母副里加润滑剂可提高其耐磨性和传动效率。润滑剂可分为润滑油和润滑脂两大类。润滑油一般为全损耗系统用油，润滑脂可采用锂基润滑脂。润滑脂一般加在螺纹滚道和安装螺母的壳体空间内，而润滑油则经过在壳体上的油孔注入螺母的空间内。每半年对滚珠丝杠上的润滑脂更换一次，清洗丝杠上的旧润滑脂，涂上新的润滑脂。用润滑油润滑的滚珠丝杠副，可在每次机床工作前加油一次。

CKA6136 卧式车床 X、Z 轴滚珠丝杠润滑是由安装在床体尾架侧的集中润滑器集中供油。集中润滑器每间隔 30 分钟打出 2.5ml 油，通过管路及计量件送至各润滑点。当集中润滑器油液处于低位时，能自动报警，此时须及时添加润滑油。X、Z 轴轴承采用长效润滑脂润滑，平时不需要添加，待机床大修时再更换。润滑油、脂的选择见表 3-3。

4）滚珠丝杠螺母副的保护

滚珠丝杠螺母副和其他滚动摩擦的传动元件一样，只要避免磨料微粒及化学活性物质进入就可以认为这些元件几乎是在不产生磨损的情况下工作的。但如在滚道上落入了脏物或使用肮脏的润滑油，不仅会妨碍滚珠的正常运转，而且使磨损急剧增加。对于制造误差和预紧变形量以微米计的滚珠丝杠传动副来说，这种磨损就特别敏感。因此有效地防护密封和保持润滑油的清洁就显得十分必要。

4. 滚珠丝杠螺母副的常见故障及其诊断排除方法（见表 3-6）

表 3-6　滚珠丝杠螺母副的常见故障及其诊断排除方法

序号	故障现象	故障原因	排除方法
1	加工件粗糙度值高	导轨的润滑油不足够，致使溜板爬行	加润滑油，排除润滑故障
		滚珠丝杠有局部拉毛或研磨	更换或修理丝杠
		丝杠轴承损坏，运动不平稳	更换损坏轴承
		伺服电动机未调整好，增益过大	调整伺服电动机控制系统
2	反向误差大，加工精度不稳定	丝杠轴联轴器锥套松动	重新紧固并用百分表反复测试
		丝杠轴滑板配合压板过紧或过松	重新调整或修研，用 0.03 mm 塞尺塞不入为合格
		丝杠轴滑板配合楔铁过紧或过松	重新调整或修研，使接触率达 70% 以上，用 0.03 mm 塞尺塞不入为合格
		滚珠丝杠预紧力过紧或过松	调整预紧力，检查轴向窜动值，使其误差不大于 0.015 mm
		滚珠丝杠螺母端面与结合面不垂直，结合过松	修理、调整或加垫处理
		丝杠支座轴承预紧力过紧或过松	修理调整
		滚珠丝杠制造误差大或轴向窜动	用控制系统自动补偿功能消除间隙，用仪器测量并调整丝杠窜动
		润滑油不足或没有	调节至各导轨面均有润滑油
		其他机械干涉	排除干涉部位
3	滚珠丝杠在运转中转矩过大	二滑板配合压板过紧或研损	重新调整或修研压板，使 0.04 mm 塞尺塞不进为合格
		滚珠丝杠螺母反向器损坏，滚珠丝杠卡死或轴端螺母预紧力过大	修复或更换丝杠并精心调整
		丝杠研损	更换
		伺服电动机与滚珠丝杠连接不同轴	调整同轴度并紧固连接座
		无润滑油	调整润滑油路
		超程开关失灵造成机械故障	检查故障并排除
		伺服电动机过热报警	检查故障并排除
4	丝杠螺母润滑不良	分油器是否分油	检查定量分油器
		油管是否堵塞	清除污物使油管畅通
5	滚珠丝杠副噪声	滚珠丝杠轴承压盖压合不良	调整压盖，使其压紧轴承
		滚珠丝杠润滑不良	检查分油器和油路，使润滑油充足
		滚珠产生破损	更换滚珠
		丝杠支承可能破裂	更换轴承
		电动机与丝杠联轴器松动	拧紧联轴器锁紧螺钉
6	滚珠丝杠不灵活	轴向预加载荷太大	调整轴向间隙和预加载荷
		丝杠与导轨不平行	调整丝杠支座位置，使丝杠与导轨平行
		螺母轴线与导轨不平行	调整螺母座的位置
		丝杠弯曲变形	校直丝杠

四、实训内容

1. 认识数控机床进给传动系统。

2. 保养滚珠丝杠螺母副。

3. 滚珠丝杠螺母副轴向间隙调整。

五、实训步骤

1. 拆装机床防护罩，观察进给机构丝杠螺母副的结构和工作特点，判断丝杠丝母副的循环方式，观察机床导轨副的结构和工作特点。

2. 清洁保养数控机床滚珠丝杠螺母副。润滑油、脂的选择与更换见表 3-3。

3. 数控机床滚珠丝杠螺母副轴向间隙的机械调整与预紧如图 3-13 所示。具体操作步骤如下：

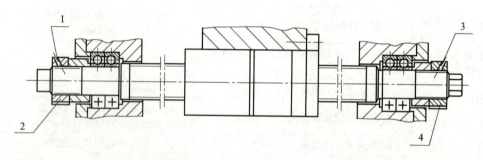

图 3-13　滚珠丝杠轴向间隙的调整

（1）将移动件移到行程的中间位置，松开精密锁定螺母 4 上的螺钉 3；松开精密锁定螺母 4。

（2）松开精密锁定螺母 2 上的螺钉 1 后，锁紧精密锁定螺母 2。

（3）再锁紧精密锁定螺母 2 上的螺钉 1，即可消除丝杆反向间隙。

（4）锁紧精密锁定螺母 4 后，再锁紧精密锁定螺母 4 上的螺钉 3，达到滚珠丝杠预紧。

丝杠轴向间隙也可通过数控系统的轴向间隙补偿功能来进行调整，具体的操作方式，请参看各数控系统的操作说明。

4. 通过典型零件加工进行补偿后的检验。

六、注意事项

1. 要注意人身及设备的安全。关闭电源后，方可观察机床内部结构。

2. 未经指导教师许可，不得擅自任意操作。

3. 操作与保养数控机床要按规定时间完成，符合基本操作规范，并注意安全。

4. 调整要注意使用适当的工具，在正确的部位加力。

5. 实验完毕后，要注意清理现场，清洁机床，对机床及时保养。

七、实施评价

"滚珠丝杠部件的基础维护与保养"评价表

指标评分	结构分析	滚珠丝杠部件的清理与润滑	滚珠丝杠部件轴向间隙的机械调整	调整结果检验	参与态度	动作技能	合计
标准分	20	20	20	10	15	15	100
扣分							
得分							
评价意见:							
评价人:							

 任务实施

4. 导轨副的基础维护与保养

一、实施目标

1. 认识数控机床进给传动系统组成与导轨副结构。
2. 掌握导轨副的维护与保养基础技术。
3. 养成规范操作、认真细致、严谨求实的工作态度。

二、实施准备

1. 阅读教材，参考资料，查阅网络。
2. 实验仪器与设备：数控设备综合实验台、数控机床。

三、相关知识

导轨是机床基本结构要素之一。从机械结构的角度来说，机床的加工精度和使用寿命很大程度上取决于机床导轨的质量。数控机床对导轨的要求更高。如高速进给时不振动、低速进给时不爬行、有很高的灵敏度；能在重负载下长期连续工作、耐磨性高、精度保持性好等要求都是数控机床的导轨所必需满足的。

1. 导轨的基本类型

导轨按运动轨迹可分为直线运动导轨和圆运动导轨。按工作性质可分为主运动导轨、进给运动导轨和调整导轨。按受力情况可分为开式导轨和闭式导轨。按摩擦性可分为滑动导轨和滚动导轨。下面简单介绍一下滑动导轨与滚动导轨。

1）滑动导轨

两导轨工作面的摩擦性质为滑动摩擦，其中有滑动导轨、液体动压导轨和液体静压导轨。

（1）液体静压导轨两导轨面间有一层静压油膜，其摩擦性质属于纯液体摩擦，多用于进给运动导轨。

（2）液体动压导轨。当导轨面之间相对滑动速度达到一定值时，液体的动压效应使导轨面间形成压力油膜，把导轨面隔开。这种导轨属于纯液体摩擦，多用于主运动导轨。

（3）混合摩擦导轨。这种导轨在导轨面间有一定的动压效应，但相对滑动速度还不足以形成完全的压力油膜，导轨面大部分仍处于直接接触，介于液体摩擦和干摩擦（边界摩擦）之间的状态。大部分进给运动属于此类型。

2）滚动导轨

这种导轨两导轨面之间为滚动摩擦，导轨面间采用滚珠、滚柱或滚针等滚动体，它在进给运动中用得较多。

2. 直线滚动导轨简介

该种导轨副有多种形式，目前数控机床常用的滚动导轨为直线滚动导轨，这种导轨的外形和结构如图 3-14 所示。

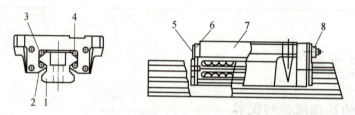

图 3-14　直线滚动导轨副的外形和结构
1—导轨体；2—侧面密封垫；3—保持器；4—承载球列；
5—端部密封垫；6—端盖；7—滑块；8—润滑油杯

直线滚动导轨主要由导轨体、滑块、滚柱或滚珠、保持器、端盖等组成。当滑块与导轨体相对移动时，滚动体在导轨体和滑块之间的圆弧直槽内滚动，并通过端盖内的滚道，从工作负荷区到非工作负荷区，然后再滚动回工作负荷区不断循环，从而把导轨体和滑块之间的移动变成滚动体的滚动。为了防止灰尘和脏物进入导轨滚道，滑块两端及下部均装有塑料密封垫，滑块上还有润滑油杯。

该导轨的安装形式有水平、竖直或倾斜等形式，可以两根或多根平行安装，也可以把两根或多根短导轨接长，以适应各种行程和用途的需要。

采用直线滚动导轨副，可以简化机床导轨部分的设计、制造和装配工作。滚动导轨副安装基面的精度要求不太高，通常只要精铣或精刨。由于直线滚动导轨对误差有均化作用，安装基面的误差不会完全反映到滑座的运动上来，通常滑座的运动误差约为基面误差的1/3。

导轨安装前必须检查导轨是否有合格证，是否有碰伤或锈蚀，将防锈油清洗干净，清除装配表面的毛刺、撞击突起物及污物等；检查装配连接部位的螺栓孔是否吻合，如果发生错位而强行拧入螺栓，将会降低运行精度。

导轨使用过程中，应按操作规程做好清洁、润滑等防护保养工作。

3. 导轨副的维护

1）间隙调整

导轨副维护很重要的一项工作是保证导轨面之间具有合理的间隙。间隙过小，则摩擦阻力大，导轨磨损加剧；间隙过大，则运动失去准确性和平稳性，失去导向精度。间隙调整的方法有以下三种：

（1）压板调整间隙。矩形导轨上常用的压板装置形式有：修复刮研式、镶条式、垫片式，如图 3-15 所示。压板用螺钉固定在动导轨上，常用钳工配合刮研及选用调整垫片、平镶条等机构，使导轨面与支承面之间的间隙均匀，达到规定的接触点数。图 3-15（a）所示的压板结构，如间隙过大，应修磨或刮研 B 面；间隙过小或压板与导轨压得太紧，则可刮研或修磨 A 面。

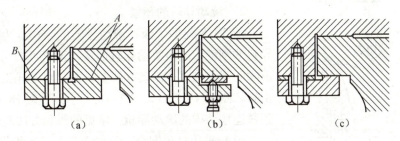

图 3-15　压板调整间隙

（a）修复刮研式；（b）镶条式；（c）垫片式

（2）镶条调整间隙。常用的镶条有两种，即等厚度镶条和斜镶条。等厚度镶条如图 3-16（a）所示，它是一种全长厚度相等、横截面为平行四边形（用于燕尾形导轨）或矩形的平镶条，通过侧面的螺钉调节和螺母锁紧，以其横向位移来调整间隙。由于压紧力作用点因素的影响，在螺钉的着力点有挠曲。斜镶条如图 3-16（b）所示，它是一种全长厚度变化的斜镶条及三种用于斜镶条的调节螺钉，以其斜镶条的纵向位移来调整间隙。斜镶条在全长上支承，其斜度为 1∶40 或 1∶100，由于楔形的增压作用会产生过大的横向压力，因此调整时应细心。

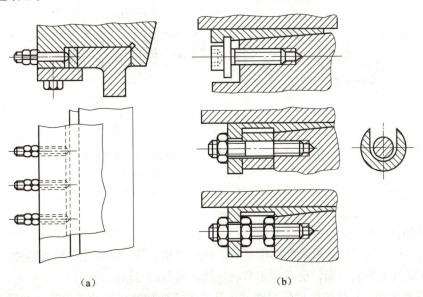

图 3-16　镶条调整间隙

（a）等厚度镶条；（b）斜镶条

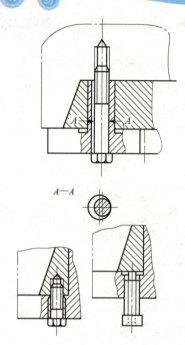

图 3-17　压板镶条调整间隙

（3）压板镶条调整间隙。压板镶条如图 3-17 所示，T 形压板用螺钉固定在运动部件上，运动部件内侧和 T 形压板之间放置斜镶条，镶条不是在纵向有斜度，而是在高度方面做成倾斜。调整时，借助压板上几个推拉螺钉，使镶条上下移动，从而调整间隙。三角形导轨的上滑动面能自动补偿，下滑动面的间隙调整和矩形导轨的下压板调整底面间隙的方法相同。圆形导轨的间隙不能调整。

2）滚动导轨的预紧

图 3-18 列举了四种滚动导轨的结构。为了提高滚动导轨的刚度，应对滚动导轨预紧，预紧可提高接触刚度和消除间隙。在立式滚动导轨上，预紧可防止滚动体脱落和歪斜。图 3-18（b）、图 3-18（c）、图 3-18（d）是具有预紧连接结构的滚动导轨。常见的预紧方法有两种。

（1）采用过盈配合。预加载荷大于外载荷，预紧力产生过盈量为 2～3 μm，过大会使牵引力增加。若运动部件较重，其重力可起预加载荷作用，若刚度满足要求，可不施预加载荷。

（2）调整法。通过调整螺钉、斜块或偏心轮进行预紧。如图 3-18（b）、图 3-18（c）、图 3-18（d）是采用调整法预紧滚动导轨的方法。

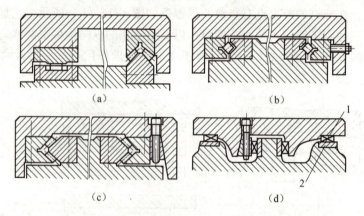

（a）　　　　　　　　　　（b）

（c）　　　　　　　　　　（d）

图 3-18　滚动导轨的预紧

（a）滚柱或滚针导轨自由支承；（b）滚柱或滚针导轨预加载；
（c）交叉式滚柱导轨；（d）循环式滚动导轨块
1—循环式直线滚动块；2—淬火钢导轨

3）导轨的润滑

导轨面上进行润滑后，可降低摩擦系数，减少磨损，并且可防止导轨面锈蚀。导轨常用的润滑剂有润滑油和润滑脂，前者用于滑动导轨，而滚动导轨两种都用。

（1）润滑方法。导轨最简单的润滑方式是人工定期加油或用油杯供油。这种方法简单、成本低，但不可靠，一般用于调节辅助导轨及运动速度低、工作不频繁的滚动导轨。

（2）对润滑油的要求。在工作温度变化时，润滑油黏度变化要小，要有良好的润滑性能和足够的油膜刚度，油中杂质尽量少且不侵蚀机件。常用的全损耗系统用油有 L-AN10、L-AN15、L-AN32、L-AN42、L-AN68，精密机床导轨油 L-HG68，汽轮机油 L-TSA32、L-TS46 等。

4）导轨的防护

为了防止切屑、磨粒或切削液散落在导轨面上而引起磨损、擦伤和锈蚀，导轨面上应有可靠的防护装置。常用的刮板式、卷帘式和叠层式防护罩，大多用于长导轨上。在机床使用过程中应防止损坏防护罩，对叠层式防护罩应经常用刷子蘸机油清理移动接缝，以避免碰壳现象的产生。

4. 导轨副的常见故障及其诊断排除方法（见表 3-7）

表 3-7　导轨副的常见故障及其诊断排除方法

序号	故障现象	故障原因	排除方法
1	导轨研伤	机床经长期使用，地基与床身水平有变化，使导轨局部单位面积负荷过大	定期进行床身导轨的水平调整，或修复导轨精度
		长期加工短工件或承受过分集中的负载，使导轨局部磨损严重	注意合理分布短工件的安装位置，避免负荷过分集中
		导轨润滑不良	调整导轨润滑油量，保证润滑油压力
		导轨材质不佳	采用电镀加热自冷淬火对导轨进行处理，导轨上增加锌铝铜合金板，以改善摩擦情况
		刮研质量不符合要求	提高刮研修复的质量
		机床维护不良，导轨里落下脏物	加强机床保养，保护好导轨防护装置
2	导轨上移动部件运动不良或不能移动	导轨面研伤	用 180# 砂布修磨机床导轨面上的研伤
		导轨压板研伤	卸下压板，调整压板与导轨间隙
		导轨镶条与导轨间隙太小，调得太紧	松开镶条止退螺钉，调整镶条螺栓，使运动部件运动灵活，保证 0.03 mm 塞尺不得塞入，然后锁紧止退螺钉
3	加工面在接刀处不平	导轨直线度超差	调整或修刮导轨，允差 0.015/500 mm
		工作台塞铁松动或塞铁弯度太大	调整塞铁间隙，塞铁弯度在自然状态下小于 0.05 mm/全长
		机床水平度差，使导轨发生弯曲	调整机床安装水平，保证平行度、垂直度在 0.02/1 000 mm 之内

四、实施内容

1. 认识机床导轨位置与结构。
2. 进行机床导轨的基础维护与保养。

五、实施步骤

1. 观察导轨结构，分析结构特点，进行直线滚动导轨副的安装。

安装步骤如下：

1）安装导轨

（1）将导轨基准面紧靠机床装配表面的侧基面，对准螺孔，将导轨轻轻地用螺栓予以固定。

（2）上紧导轨侧面的顶紧装置，使导轨基准侧面紧紧靠贴床身的侧面。

（3）用力矩扳手拧紧导轨的安装螺钉，从中间开始按交叉顺序向两端拧紧。

2）安装滑块座

（1）将工作台置于滑块座的平面上，对准安装螺钉孔，轻轻地压紧。

（2）拧紧基准侧滑块座侧面的压紧装置，使滑块座基准侧面紧紧靠贴工作台的侧基面。

（3）按对角线顺序拧紧基准侧和非基准侧滑块座上的各个螺钉。

安装完毕后，检查其全行程内运行是否轻便、灵活，有无打顿、阻滞现象，摩擦阻力在全行程内不应有明显的变化。达到上述要求后，检查工作台的运行直线度、平行度是否符合要求。

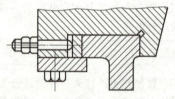

图 3-19　镶条间隙调整

2. 直线滚动导轨间隙调整。

当机床长期工作后，由于种种原因使导轨与镶条间产生较大的间隙（见图 3-19），影响加工，此时可按以下方法加以适当调整。

工作台与滑鞍为燕尾导轨结合面，调整其配合的镶条间隙步骤如下：

（1）先拆去防尘压盖，松开左侧镶条小端槽头螺钉。

（2）调整另一侧镶条调节螺钉，直至间隙调整合适为止。

（3）锁紧左侧螺钉。

（4）再次松开右侧调节螺钉后，锁紧该调节螺钉，调整即告完毕。

3. 清洁导轨副，清理防护罩，进行润滑保养。

六、注意事项

1. 要注意人身及设备的安全，关闭电源后，方可观察机床内部结构。

2. 未经指导教师许可，不得擅自任意操作。

3. 操作与保养数控机床要按规定时间完成，符合基本操作规范，并注意安全。

4. 实验完毕后，要注意清理现场，清洁机床，对机床及时润滑。

七、实施评价

"导轨副的基础维护与保养"评价表

指标评分	结构分析	导轨副安装	导轨副间隙调整	导轨副的清理与润滑	参与态度	动作技能	合计
标准分	20	20	20	20	10	10	100
扣分							

续表

指标评分	结构分析	导轨副安装	导轨副间隙调整	导轨副的清理与润滑	参与态度	动作技能	合计
得分							
评价意见：							
评价人：							

 任务实施

5. 换刀装置的基础维护与保养

一、实施目标

1. 了解自动换刀机构的组成及其工作原理。

2. 掌握自动换刀机构的维护与保养基础技术。

3. 养成规范操作、认真细致、严谨求实的工作态度。

二、实施准备

1. 阅读教材，参考资料，查阅网络。

2. 实验仪器与设备：数控设备综合实验台、数控车床、刀具等。

三、相关知识

刀架是数控车床的重要部件，它用于安装各种切削加工刀具，其结构直接影响机床的切削性能和工作效率。

1. LD4B 型刀架结构与换刀原理

LD4B 型立式电动刀架（见图 3-20）是在普通车床四方刀架的基础上发展的一种自动换刀装置，采用蜗轮蜗杆传动、三齿盘啮合螺杆锁紧的工作原理。具体工作程序为：当主机系统发出转位信号后，刀架电动机转动，电动机带动蜗杆 11 转动，蜗杆 11 带动蜗轮 7 转动，蜗轮 7 与螺杆 9 用键连接，螺杆 9 的转动把夹紧轮 14 往上抬，从而使三齿圈（内齿圈、外齿圈和夹紧齿圈）都松开。这时，离合销进入离合盘 16 的槽内，反靠销 26 同时脱离反靠盘 10 的槽子，上刀体 15 开始转动，当上刀体 15 转到对应的刀位时，磁钢 22 与发讯盘 24 上的霍尔元件相对应，发出到位信号。系统收到信号后发出电动机反转延时信号，电动机反转，上刀体 15 稍有反转，反靠销 26 进入反靠盘 10 的槽子实行初定位，离合销 25 脱离离合盘 16 的槽子，夹紧轮 14 往下压紧内外齿圈直至锁紧，延时结束。主机系统指令下一道工序。

数控车床的刀架一般安装在中拖板上打好相应螺钉孔处，用一字螺丝刀拧下刀架下刀体轴承盖闷头，然后用内六角扳手顺时针转动蜗杆，使上刀体旋转约 45°，即可露出刀架安装孔，然后用相应螺钉把刀架固定，并调整刀尖与车床主轴中心一致。

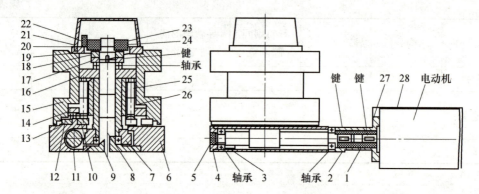

图 3-20　LD4B 型刀架结构

1—右联轴器；2—左联轴器；3—调整垫；4—轴承盖；5—闷头；6—下刀体；7—蜗轮；8—定轴；
9—螺杆；10—反靠盘；11—蜗杆；12—外齿圈；13—防护圈；14—夹紧轮；15—上刀体；
16—离合盘；17—止退圈；18—大螺母；19—罩座；20—铝盖；21—发讯支座；22—磁钢；
23—小螺母；24—发讯盘；25—离合销；26—反靠销；27—连接座；28—电动机罩

2. 数控机床自动换刀装置的常见故障及其诊断排除方法（见表 3-8）

表 3-8　常见故障及其诊断排除方法

序号	故障现象	故障原因	排除方法
1	转塔刀架没有抬起动作	控制系统是否有 T 指令输出信号	如未能输出，请电器人员排除
		抬起电磁铁断线或抬起阀杆卡死	修理或清除污物，更换电磁铁
		压力不够	检查油箱并重新调整压力
		抬起液压缸研损或密封圈损坏	修复研损部分或更换密封圈
		与转塔抬起连接的机械部分研损	修复研损部分或更换零件
2	转塔转位速度缓慢或不转位	检查是否有转位信号输出	检查转位继电器是否吸合
		转位电磁阀断线或阀杆卡死	修理或更换
		凸轮轴压盖过紧	调整调节螺钉
		转位速度节流阀是否卡死	清洗节流阀或更换
		压力不够	检查是否液压故障，调整到额定压力
		液压泵研损卡死	检查或更换液压泵
		抬起液压缸体与转塔平面产生摩擦、研损	松开连接盘进行转位试验；取下连接盘配磨平面轴承下的调整垫并使相对间隙保持在 0.04 mm
		安装附具不配套	重新调整附具安装，减少转位冲击
3	转塔转位时碰牙	抬起速度或抬起延时时间短	调整抬起延时参数，增加延时时间

序号	故障现象	故障原因	排除方法
4	转塔不正位	转位盘上的撞块与选位开关松动，使转塔到位时传输信号超期或滞后	拆下护罩，使转塔处于正位状态，重新调整撞块与选位开关的位置并紧固
		上下连接盘与中心轴花键间隙过大产生位移偏差大，落下时易碰牙顶，引起不到位	重新调整连接盘与中心轴的位置；间隙过大可更换零件
		凸轮在轴上窜动	调整并紧固固定转位凸轮的螺母
		转位凸轮与转位盘间隙大	塞尺测试滚轮与凸轮，将凸轮旋转中间位置；转塔左右窜量保持在二齿中间，确保落下时顺利啮合；转塔抬起时用手摆动，摆动量不超过二齿的 1/3
		转位凸轮轴的轴向预紧力过大或有机械干涉，使转位不到位	重新调整预紧力，排除干涉
5	转塔转位不停	两计数开关不同时计数或复置开关损坏	调整两个撞块位置及两个计数开关的计数延时，修复复置开关
		转塔上的 24 V 电源断线	接好电源线
6	转塔刀重复定位精度差	液压夹紧力不足	检查压力并调到额定值
		上下牙盘受冲击，定位松动	重新调整固定
		两牙盘间有污物或滚针脱落在牙盘中间	清除污物保持转塔清洁，检修更换滚针
		转塔落下夹紧时有机械干涉（如夹铁屑）	检查排除机械干涉
		夹紧液压缸拉毛或研损	检修拉毛研损部分，更换密封圈
		转塔座落在二层滑板之上，由于压板和楔铁配合不牢产生运动偏大	修理调整压板和楔铁，0.04 mm 塞尺塞不入
7	刀具不能夹紧	风泵气压不足	使风泵气压在额定范围
		刀具卡紧液压缸漏油	更换密封装置，卡紧液压缸不漏
		增压漏气	关紧增压
		刀具松卡弹簧上的螺母松动	旋紧螺母
8	刀具夹紧后不能松开	松锁刀的弹簧压力过紧	调节松锁刀弹簧上的螺母，使其最大载荷不超过额定数值
9	刀套不能夹紧刀具	检查刀套上的调节螺母	顺时针旋转刀套两端的调节螺母，压紧弹簧，顶紧卡紧销
10	刀具从机械手脱落	刀具超重，机械手卡紧销损坏	刀具不得超重，更换机械手卡紧销
11	机械手换刀速度过快	气压太高或节流阀开口过大	保证气泵的压力和流量，旋转节流阀至换刀速度合适
12	换刀时找不到刀	刀位编码用组合行程开关、接近开关等元件损坏、接触不好或灵敏度降低	更换损坏元件

四、实施内容

LD4B 型刀架拆装与维护保养

五、实训步骤

1. 拆装转位刀架（如图 3-20），了解其内部结构，观察刀具位置与分度定位机构间的关系。

具体的拆装顺序如下：

（1）拆下闷头 5，用内六角扳手顺时针转动蜗杆 11，使夹紧轮 14 松开。

（2）拆下铝盖 20 和罩座 19。

（3）拆下刀位线，拆下小螺母 23，取出发讯盘 24。

（4）拆下大螺母 18 和止退圈 17，取出键、轴承。

（5）取下离合盘 16、离合销 25 及弹簧。

（6）夹住反靠销逆时针旋转上刀体，取出上刀体 15。

（7）拆下电动机罩 28、电动机、连接座 27、轴承盖 4 和蜗杆 11。

（8）拆下螺钉，取出定轴 8、蜗轮 7、螺杆 9 和轴承。

（9）拆下反靠盘 10、防护圈 13。

（10）拆下外齿圈 12、夹紧轮 14，取出反靠销 26。

其装配过程是拆卸过程的反顺序。

六、注意事项

1. 要注意人身及设备的安全。关闭电源后，方可观察机床内部结构。

2. 未经指导教师许可，不得擅自任意操作。

3. 在装配前应将所有零件清洗干净，并将传动部件涂上润滑脂。

4. 只有主轴回到机床零点，才能将主轴上的刀具装入刀库，或者将刀库中的刀具调在主轴上。装入刀库的刀具必须与程序中的刀具号——对应，刀具装入前应清洁干净。

5. 操作与保养数控机床要按规定时间完成，符合基本操作规范，并注意安全。

6. 实验完毕后，要注意清理现场，清洁机床，对机床及时润滑。

七、学习评价

"换刀装置的基础维护与保养" 评价表

指标评分	结构分析	转位刀架拆装	换刀装置清理与简单调整	刀具安装与换刀	参与态度	动作技能	合计
标准分	20	20	20	20	10	10	100
扣分							
得分							
评价意见：							
评价人：							

任务实施

6. 数控机床的加工精度检测

一、实施目标

1. 了解进行数控机床加工精度检测常用的工具及其使用方法。

2. 了解 ISO 标准、GB 中常见的数控机床加工精度检测项目标准数据。

3. 掌握数控机床加工精度检测方法。

二、实施准备

实验场地：校内数控实训中心。

实验器材：数控车床、机床量具、检具、千分表、游标卡尺等。

三、相关知识

数控机床精度分为几何精度、定位精度和切削精度三类。

1. 几何精度的概念及检验内容

数控机床的几何精度综合反映机床的各关键零部件及其组装后的几何形状误差。数控机床的几何精度检验和普通机床的几何精度检验在检测内容、检测工具及检测方法上基本类似，只是检测要求更高。

常用的检验工具：精密水平仪、精密方箱、直角尺、平尺、平行光管、千分表、测微仪、高精度验棒等，如图 3-21 所示。

精密水平仪

| 铸铁方箱 | 直角尺 | 各种规格镀铬圆柱角尺 |
| 各种规格角度的燕尾角尺 | 平直度检测可调桥板 | 0-6#的各种规格锥柄检验棒 |

图 3-21　常用精度检验工具

普通卧式数控车床几何精度检验的主要内容包括机床各运动大部件如床身、溜板、尾座等运动的直线度、平行度、垂直度，主轴的自身回转精度及刀架直线运动精度（切削运动中进刀）。这些几何精度综合反映了该机床的机械坐标系的几何精度和代表切削运动的部件主轴在机械坐标系的几何精度。

2. 定位精度概念及检验内容

定位精度是指机床各坐标轴在数控装置的控制下运动所能达到的位置精度。

数控机床的定位精度又可以理解为机床的运动精度。普通机床由手动进给，定位精度主要决定于读数误差，而数控机床的移动是靠数字程序指令实现的，故定位精度决定于数控系统和机械传动误差。机床各运动部件的运动是在数控装置的控制下完成的，各运动部件在程序指令控制下所能达到的精度直接反映加工零件所能达到的精度，所以，定位精度是一项很重要的检测内容。

图 3-22　激光干涉仪

测量直线运动的检测工具有：测微仪和成组块规、标准刻度尺、光学读数显微镜和双频激光干涉仪等。标准长度测量以双频激光干涉仪（见图 3-22）为准。回转运动检测工具有：360 个齿精确分度的标准转台或角度多面体、高精度圆光栅及平行光管等。

检验内容：直线轴的定位精度及重复定位精度；直线轴的回零精度；直线轴的反向误差；回转运动的定位精度及重复定位精度；回转运动轴的回零精度；回转运动的反向误差。

3. 切削精度概念及检验内容

数控机床的切削精度是一项综合精度，不仅反映机床的几何精度和定位精度，同时还包括了试件的材料、环境温度、刀具性能以及切削条件等各种因素造成的误差和计量误差。

保证切削精度，必须要求机床的几何精度和定位精度的实际误差要比允差小。

4. 数控车床切削加工精度检测

1）精车圆柱试件的圆度（靠近主轴轴端，检验试件的半径变化）

检测工具：千分尺。

检验方法：精车试件（试件材料为 45 钢，正火处理，刀具材料为 YT30）外圆 D，试件如图 3-23 所示，用千分尺测量靠近主轴轴端的检验试件的半径变化，取半径变化最大值近似作为圆度误差；用千分尺测量每一个环带直径之间的变化，取最大差值作为该项误差。

检验切削加工直径的一致性（检验零件的每一个环带直径之间的变化）。

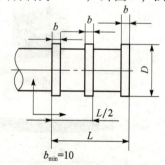

图 3-23　精车外圆试件

2）精车端面的平面度

检测工具：平尺、量块。

检验方法：精车试件端面（试件材料：HT150，180～

200HB，外形如图 3-24 所示；刀具材料：YG8），试件如图 3-24 所示，使刀尖回到车削起点位置，把指示器安装在刀架上，指示器测头在水平平面内垂直触及圆盘中间，向负 X 轴移动刀架，记录指示器的读数及方向；用终点时读数减起点时读数除 2 即为精车端面的平面度误差；数值为正，则平面是凹的。

3）螺距精度

检测工具：丝杠螺距测量仪。

检验方法：可取外径为 50 mm，长度为 75 mm，螺距为 3 mm 的丝杠作为试件进行检测（加工完成后的试件应充分冷却），试件如图 3-25 所示。

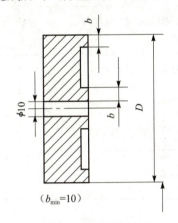
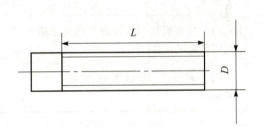

图 3-24　端面精车试件　　　　　　　　图 3-25　丝杠试件

4）精车圆柱形零件的直径尺寸精度、精车圆柱形零件的长度尺寸精度

检测工具：测高仪、杠杆卡规。

检验方法：用程序控制加工圆柱形零件（零件轮廓用一把刀精车而成），测量其实际轮廓与理论轮廓的偏差。

四、实施内容

数控机床的加工精度检验。

五、实施步骤

1. 加工精度检验，记录数据。

（1）精车圆柱试件的圆度检验；

（2）精车端面的平面度检验；

（3）螺距精度检验；

（4）精车圆柱形零件的直径尺寸精度、精车圆柱形零件的长度尺寸精度检验。

2. 整理数据，填写实训报告。

报告要求见表 3-9。

六、注意事项

1. 机床开机时应回机床参考点，注意不要超程；

2. 未经指导教师许可，不得擅自任意操作；

3. 操作应符合规范，在规定时间内完成，注意安全；

4. 实验完毕后，要注意清理现场，清洁机床，对机床及时润滑。

表 3-9　数控机床加工精度检测数据记录

机床型号	机床编号	环境温度	检验人	实验日期

序号	检验项目	允差范围/mm	检验工具	实测/mm
1	（1）精车圆柱试件的圆度	0.005		
	（2）精车圆柱试件的圆柱度	0.03/300		
2	精车端面的平面度	直径为 300 mm 时，0.025（只许凹）		
3	螺距精度	任意 50 mm 测量长度上为 0.025		
4	（1）精车圆柱形零件的直径尺寸精度（直径尺寸差）	±0.025		
	（2）精车圆柱形零件的长度尺寸精度	±0.035		

七、实施评价

"数控机床加工精度的检验"评价表

指标评分	数控机床的加工精度检验	数据记录	实训报告	参与态度	动作技能	合计
标准分	25	15	25	15	20	100
扣分						
得分						
评价意见：						
评价人：						

案例 2　电火花线切割机的维护保养

 任务描述

电火花线切割机是在电火花穿孔、成型加工的技术基础上发展起来的，主要用于加工一些传统的切削加工方法难切削的材料、特殊及复杂形状的零件，是一种广泛应用于模具、工具、航空航天等制造加工领域的机电设备。电火花切割机在加工过程中难免会出现故障现象，正确的维护与保养对切割机的使用寿命及运行可靠性起着至关重要的作用。若能正确使用电火花切割机，做好设备的维护和保养，则会降低故障的发生率，避免损失。本案例针对目前应用较广泛的快走丝电火花线切割机，归纳了其日常维护内容和常见故障诊断方法，以DK7725E 型线切割机为典型实例，对其使用中常见的故障现象及处理方法及日常使用、维护技术进行介绍与训练。学习重点在于了解其结构、原理；熟悉电火花切割机的安全操作规程；熟练掌握加工参数的调整；并能进行设备的日常维护保养工作及常见故障的处理。

任务分析

了解并掌握电火花数控线切割机的种类、结构、原理有助于掌握该设备基础维护保养及常见故障的处理。断丝和水泵没水是切割机加工过程中常见的故障现象，熟练掌握穿丝与校正技术，及时清理工作液箱，正确更换工作液，是提高设备利用率的必备技能。在日常使用与维护时应按照设备操作规程，选择合理的加工参数，正确操作；做好设备的清理与维护。对于出现的故障，应根据故障现象作出正确判断，按照故障排除的方法和步骤安全高效地排除故障，同时做好设备的基础维护。

知识准备

一、概述

电火花线切割机（Wire cut Electrical Discharge Machining 简称 WEDM），属电加工范畴，是由苏联拉扎林科夫妇研究开关触点受火花放电腐蚀损坏的现象和原因时，发现电火花的瞬时高温可以使局部的金属熔化、氧化而被腐蚀掉，从而开创和发明了电火花加工方法，电火花线切割机如图 3-26 所示。线切割机于 1960 年发明于苏联，我国是第一个用于工业生产的国家。其基本物理原理是自由正离子和电子在场中积累，很快形成一个被电离的导电通道。在这个阶段，两板间形成电流。导致粒子间发生无数次碰撞，形成一个等离子区，并很快升高到 8 000℃~12 000℃的高温，在两导体表面瞬间熔化一些材料，同时，由于电极和电介液的汽化，形成一个气泡，并且它的压力规则上升直到非常高。然后电流中断，温度突然降低，引起气

图 3-26　电火花线切割机

泡内爆炸，产生的动力把溶化的物质抛出弹坑，然后被腐蚀的材料在电介液中重新凝结成小的球体，并被电介液排走。然后通过 NC 控制的监测和管控，伺服机构执行，使这种放电现象均匀一致，从而达到加工物被加工，使之成为合乎尺寸大小及形状要求之精度的产品。

线切割机床按电极丝运动的速度，可分为高速走丝和低速走丝。现在我们应用的一般为

高速走丝，俗称快走丝。

1. 加工原理

其工作原理如图 3-27 所示。绕在运丝筒 4 上的电极丝 1 沿运丝筒的回转方向以一定的速度移动，装在机床工作台上的工件 3 由工作台按预定控制轨迹相对于电极丝做成型运动。脉冲电源的一极接工件，另一极接电极丝。在工件与电极丝之间总是保持一定的放电间隙且喷洒工作液，电极之间的火花放电蚀出一定的缝隙，连续不断的脉冲放电就切出了所需形状和尺寸的工件。

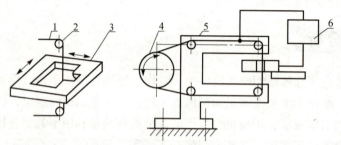

图 3-27　工作原理图
1—电极丝；2—丝架；3—工件；4—运丝筒；5—工作台工作液箱；6—脉冲电源

线切割加工时，在电极丝和工件之间进行脉冲放电，当来一个脉冲时，在电极丝和工件之间产生一次火花放电，在放电通道的中心温度瞬间值可达到 10 000℃ 以上，高温也使电极丝和工件金属熔化，甚至有少量的汽化，高温也使电极丝和工件之间的工作液部分产生汽化，这些汽化后的工作液和金属蒸气瞬间迅速热膨胀，并且具有爆炸的特性，这种热膨胀和局部微爆炸排出熔化和汽化了的金属材料而实现对工件材料进行电蚀切割加工，工作液将被熔化和汽化所产生的微粒冲刷出切缝，从而在工件上形成无数的小凹痕，电极丝在数控系统的作用下连续不断放电，从而加工出所需要的形状。工作液的作用是急速冷却电极丝并将腐蚀物快速排出加工区，以达到连续切割的目的。通常认为电极丝与工件之间的放电间隙在 0.01 mm 左右，若电脉冲的电压高，放电间隙会大一些。

此加工方法对加工的材料性质无要求，原则上对导电材料均可加工，特别适用于用机械加工方法难以加工的材料。对超硬材料如淬火钢、硬质合金钢；对韧性材料，如各种不锈钢、耐热合金钢；对脆性材料，如磁钢；对不易装夹具的薄壁零件，对复杂形成的零件等只需编出程序，均可方便地加工出理想的工件。用途广泛，适应性强。

2. 组成部分

线切割由坐标工作台（X、Y）、运丝部分、丝架和床身组成。

（1）X、Y 坐标工作台是用来装卡被加工的工件，控制台给 X 轴和 Y 轴执行机构发出进给信号，分别控制两个步进电动机，进行预定图形的加工。坐标工作台主要由拖板、导轨、丝杠运动副、齿轮传动机构四部分组成。

（2）运丝机构主要用来带动电极丝按一定线速度移动，并将电极丝整齐地绕在丝筒上。

（3）丝架的主要作用是在电极丝按给定线速度运动时，对电极丝起支撑作用，并使电极丝整齐地绕在丝筒上。

（4）床身主要是起支撑坐标工作台、丝筒、丝架等部件的作用。

二、电火花线切割机的维护与保养

机床能正确合理的调整、使用及维护保养，不但可保证机床的精度，而且也能延长机床的使用寿命。

1. 工作环境

（1）满足线切割机床所要求的空间尺寸；

（2）选择能承受机床质量的场所；

（3）选择没有振动和冲击传入的场所；

线切割放电动机床是高精度加工设备，如果所放置的地方有振动和冲击，将会对机台造成严重的损伤，从而严重影响其加工精度，缩短其使用寿命，甚至导致机器报废。一定要远离振动源（如大型设备，龙门刨，锻压冲压设备及发动机等），有条件者，应设防振沟。

（4）选择没有粉尘的场所；

① 线切割放电动机器之本身特性，其空气中有灰尘存在，将会使机器的丝杆受到严重磨损，从而影响使用寿命；

② 线切割放电动机器属于计算机控制，计算机所使用的磁盘对空气中灰尘的要求相当严格，当磁盘内有灰尘进入时，磁盘就会被损坏，同时也损坏硬盘；

③ 线切割放电动机本身发出大量热，所以电器柜内需要经常换气，若空气中灰尘太多，则会在换气过程中附积到各个电器组件上，造成电器组件散热不良，从而导致电路板被烧坏。因此，机台防尘网要经常清洁。

（5）选择温度变化小的场所，避免阳光通过窗户和顶窗玻璃直射及靠近热流的地方，有条件者应安装在恒温室内，使机床变形最小，加工精度最高；

① 高精密零件加工的产品需要在恒定的温度下进行，一般为室温 20 ℃；

② 由于线切割放电动机器本身工作时产生相当大的热量，如果温度变化太大则会对机器使用寿命造成严重影响。

（6）选择屏蔽屋，因线切割放电加工过程属于电弧放电过程，在电弧放电过程中会产生强烈的电磁波，从而对人体健康造成伤害，同时会影响到周围的环境；

（7）选择通风条件好、宽敞的厂房，以便操作者和机床能在最好的环境下工作。

2. 安全操作

（1）电火花线切割机是一种精密的设备，所以对切割机的操作必须做到三定（定人、定机、定岗）；

（2）操作者必须是经过专业培训且能熟练操作的，非专业者勿动；

（3）操作前的准备和确认工作；

① 清理干净工作台面和工作箱内的废料、杂质，搞好机床及周围的"7S"工作；

② 检查确认工作液是否足够，不足时应及时添加；

③ 无人加工或精密加工时，应检查确认电极丝余量是否充分、足够，若不足时应更换；

④ 检查确认废丝桶内废丝量有多少，超过 1/2 时必须及时清理；

⑤ 检查过滤器入口压力是否正常，压缩空气供给压力是否正常；

⑥ 检查极间线是否有污损、松脱或断裂，并确认移动工作台时，极间线是否有干涉现象；

⑦ 检查导电块磨损情况，磨损时应改变导电块位置，有脏污时要清洗干净；

⑧ 检查滑轮运转是否平稳，电极丝的运转是否平稳，有跳动时应检查调整；

⑨ 检查电极丝是否垂直，加工前应先校直电极丝的垂直度；

⑩ 检查下导向装置是否松动、上侧导向装置开合是否顺畅到位；

⑪ 检查喷嘴有无缺损；下喷嘴是否低于工作台面 0.05～0.1 mm；

⑫ 检查确认相关开关、按键是否灵敏有效；

⑬ 检查确认机床运作是否正常；

⑭ 发现机床有异常现象时，必须及时上报，等待处理。

（4）工件装夹的注意事项；

① 工件装夹前必须先清理干净锈渣、杂质；

② 模板、型板等切割工件的安装表面在装夹前要用油石打磨修整，防止表面凹凸不平，影响装夹精度或与下喷嘴干涉；

③ 工件的装夹方法必须正确，确保工件平直紧固；

④ 严禁使用滑牙螺钉。螺丝钉锁入深度要在 8 mm 以上，锁紧力要适中，不能过紧或过松；

⑤ 压块要持平装夹，保证装夹件受力均匀平衡；

⑥ 装夹过程要小心谨慎，防止工件（板材）失稳掉落；

⑦ 工件装夹的位置应有利于工件找正，并与机床行程相适应，利于编程切割；

⑧ 工件（板材）装夹好后，必须再次检查确认与机头、极间线等是否干涉。

（5）加工时的注意事项；

① 移动工作台或主轴时，要根据与工件的远近距离，正确选定移动速度，严防移动过快时发生碰撞；

② 编程时要根据实际情况确定正确的加工工艺和加工路线，杜绝因加工位置不足或搭边强度不够而造成的工件报废或提前切断掉落；

③ 线切前必须确认程序和补偿量是否正确无误；

④ 检查电极丝张力是否足够。在切割锥度时，张力应调小至通常的一半；

⑤ 检查电极丝的送进速度是否恰当；

⑥ 根据被加工件的实际情况选择敞开式加工或密着加工，在避免干涉的前提下尽量缩短喷嘴与工件的距离。密着加工时，喷嘴与工件的距离一般取 0.05～0.1 mm；

⑦ 检查喷流选择是否合理，粗加工时用高压喷流，精加工时用低压喷流；

⑧ 起切时应注意观察判断加工稳定性，发现不良时及时调整；

⑨ 加工过程中，要经常对切割工况进行检查监督，发现问题立即处理；

⑩ 加工中机床发生异常短路或异常停机时，必须查出真实原因并作出正确处理后，方可继续加工；

⑪ 加工中因断线等原因暂停时，经过处理后必须确认没有任何干涉，方可继续加工；

⑫ 修改加工条件参数必须在机床允许的范围内进行；

⑬ 加工中严禁触摸电极丝和被切割物，防止触电；

⑭ 加工时要做好防止加工液溅射出工作箱的工作；

⑮ 加工中严禁靠扶机床工作箱，以免影响加工精度；

⑯ 废料或工件切断前，应守候机床观察，切断时立即暂停加工，注意必须先取出废料或工件，方可移动工件台。

（6）其他注意事项。

① 机床的开、关机必须按机床相关规定进行，严禁违章操作，防止损坏电气元件和系统文件；

② 开机后必须执行回机床原点动作（应先剪断电极丝），使机床校正一致；

③ 拆卸工件（板材）时，要注意防止工件（板材）失稳掉落；

④ 加工完毕后要及时清理工件台面和工作箱内的杂物，搞好机床及周围的"7S"工作；

⑤ 工装夹具和工件（板材）要注意做好防锈工作并放置在指定位置；

⑥ 加工完毕后要做好必要的记录工作。

3. 日常维护和保养

1）清洁

机床应保持清洁，飞溅出来的工作液应及时擦掉。停机后应将工作台面上的杂物清理干净，特别是导轮及导电块部位，应经常用煤油清洗干净，保持良好的工作状态。

2）防锈

当停机 8 小时以上时，除应将机床擦干净外，加工区域的部分应涂油防护。

3）防堵

工作液循环系统如发现堵塞应及时疏通，特别要防止工作液渗入机床内造成短路，以至烧毁电气元件。

4）防超压

当供电电压超过额定电压 10% 时，应停机。建议控制柜外接稳定电源。

5）防磨损

加工前应仔细检查导轮及排丝轮的"V"型槽的磨损情况，如出现严重磨损应及时更换。安装导轮时，精密轴承要轻轻地静压在导轮轴承座内，切不可反复拆装，否则会破坏装配精度。

6）工作液

线切割工作液由专用乳化油与自来水配制而成，有条件采用蒸馏水或磁化水与乳化油配制效果更好，工作液配制的浓度取决于加工工件的厚度、材质及加工精度要求。

从工件厚度来看，厚度小于 30 mm 的薄型工件，工作液浓度在 10% ～15% 之间；30～100 mm 的中厚型工件，浓度大约在 5% ～10% 之间；大于 100 mm 的厚型工件，浓度大约在 3% ～5% 之间。

从工件材质来看，易于蚀除的材料，如铜、铝等熔点和汽化潜热低的材料，可以适当提高工作液浓度，以充分利用放电能量，提高加工效率，但同时也应选较大直径的电极丝进行切割，以利于排屑充分。

从加工精度来看，工作液浓度高，放电间隙小，工件表面粗糙度较好，但不利于排屑，易造成短路。工作液浓度低时，工件表面粗糙度较差，但利于排屑。

总之，在配制线切割工作液时应根据实际加工的情况，综合考虑以上因素，在保证排屑顺利、加工稳定的前提下，尽量提高加工表面质量。

7）清除

在加工中，要清除断丝，更换新丝。不可让断丝长时间运转，易产生事故。断丝后步进电动机应仍保持在"吸合"状态。去掉较少一边废丝，把剩余钼丝调整到储丝筒上的适当位置继续使用。因为工件的切缝中充满了乳化液杂质和电蚀物，所以一定要先把工件表面擦干净，并在切缝中先用毛刷滴入煤油，使其润湿切缝，然后再在断点处滴一点润滑油，这一点很重要。选一段比较平直的钼丝，剪成尖头，并用打火机火焰烧烤这段钼丝，使其发硬，用医用镊子捏着钼丝上部，悠着劲在断丝点顺着切缝慢慢地每次 2～3 mm 地往下送，直至穿过工件。如果原来的钼丝实在不能再用的话，可更换新丝。新丝在断丝点往下穿，要看原丝的损耗程度（注意不能损耗太大），如果损耗较大，切缝也随之变小，新丝则穿不过去，这时可用一小片细纱纸把要穿过工件的那部分丝打磨光滑，再穿就可以了。使用该方法可使机床的使用效率大为提高。

8）防导电块磨损

经常检查导电块与丝是否有良好可靠的接触，如接触不好，将直接影响工作稳定性及加工效率。如导电块磨损了，要及时更换。

9）故障处理

在工作中，如发现有故障时，就迅速停机检查修理，决不可带"病"工作，如有困难，请维修人员修理。

4. 定期维护

1）每周的维护与保养

（1）每周要对机器进行全面的清理，横、纵向的导轨、传动齿轮齿条的清洗，加注润滑油；

（2）检查横纵向的擦轨器是否正常工作，如不正常及时更换；

（3）检查所有割炬是否松动，清理点火枪口的垃圾，使点火保持正常；

（4）如有自动调高装置，检测是否灵敏、是否要更换探头。

2）月与季度的维修保养

（1）检查总进气口有无垃圾，各个阀门及压力表是否工作正常；

（2）检查所有气管接头是否松动，所有管带有无破损。必要时紧固或更换；

（3）检查所有传动部分有无松动，检查齿轮与齿条啮合的情况，必要时调整；

（4）松开夹紧装置，用手推动滑车，是否来去自如，如有异常情况及时调整或更换；

（5）检查夹紧块、钢带及导向轮有无松动、钢带松紧状况，必要时调整；

（6）检查强电柜及操作平台，各紧固螺钉是否松动，用吸尘器或吹风机清理柜内灰尘。检查接线头是否松动（详情参照电气说明书）；

（7）检查所有按钮和选择开关的性能，损坏的更换，最后画综合检测图形检测机器的精度。

3）其他部位的维护

机床不适合在污浊和高温潮湿的环境中工作，电网供电环境也有较高的要求，机床供电电压不应劣于±10%，三相应平衡稳定。过于恶劣的电网必须加装稳压电源。机床除正常的保持整洁和润滑以外，还必须用心维护如下几个部位：

（1）机床的导轨和丝杠，绝不能沾染脏水和污物，一旦沾有脏物，要用干净棉纱揩擦干净后再用脱脂棉浸 10#机油轻擦涂一遍；

（2）导轮和轴承，为了导轮和轴承的寿命，也应把过于污浊的冷却液换掉，如短时间不开机床，要让导轮无水转几十秒钟，使导轮和导轮套间的那些脏水甩出来，注入少量机油后再转几十秒钟，使缝隙内的机油和污物甩出来，再注入少量机油。以使导轮和轴承常处于较洁净的状态；

（3）丝筒轴和电动机上的联轴器和键，要使该部位始终处于严密稳妥的配合状态，一旦出现键的松动和联轴器的撞击声，要立即更换联轴器的缓冲垫和键。长时间带间隙的换向后，会使轴上的键槽变形张大；

（4）控制柜与机床间的联机电缆，拖地部分要有盖板或塑料板保护，不可随意踩踏，电缆要处于松弛自由状态，不可以外力拉拽，不可使电缆插头受力，不可将电缆波纹护套压裂踩扁。控制台（柜）搬动时要轻拿轻放，油污的手不要插拔触摸接插件或键盘；

（5）床面上的任何部位均不得敲砸或碰撞，特别是不可因超行程运动使丝架与床面干涉，那将严重损毁机床零件或精度。

三、电火花线切割机床常见故障处理（见表 3-10）

表 3-10　常见故障及排除方法

序号	加工中的故障	产生原因	排除方法
1	工件的加工表面有明显丝痕	1. 钼丝松弛或抖动； 2. 工作台 X，Y 向运动不平稳； 3. 储丝筒换向有强振动	1. 重新紧丝，检查钼丝张力； 2. 检查工作台传动间隙，检查控制器是否失步，有无干扰； 3. 检查和调整储丝筒
2	导轮转动不灵活，有跳动，导轮有噪声	1. 导轮轴承有脏物，或磨损严重； 2. 导轮安装不当； 3. 导轮安装不当，动平衡不好	1. 清洗或换导轮及轴承，仔细安装； 2. 应更换导轮与轴承； 3. 应更换导轮与轴承
3	抖丝	1. 钼丝松； 2. 换向时储丝筒有冲击振动； 3. 储丝筒有跳动； 4. 导轮精度差，有较大径向跳动	1. 重新紧丝； 2. 减少换向冲击； 3. 如储丝筒磨损，应修复并重新安装调整； 4. 更换新导轮
4	松丝	钼丝未张紧，钼丝使用一段时间，变细和被拉长	重新紧丝或更换新钼丝
5	断丝	1. 钼丝正常损耗，钼丝直径变小，强度低所致； 2. 走丝系统有卡住现象，如果导轮转动不灵活，导轮边缘缺口，导电块、挡丝柱等有磨损沟槽，卡断钼丝； 3. 工作电流太大，钼丝太细所致； 4. 钼丝太紧，或抖动	1. 更换新丝； 2. 更换损坏的零件； 3. 先选择适当电参数； 4. 调整钼丝

续表

序号	加工中的故障	产生原因	排除方法
6	烧伤	1. 高频电源的电参数选择不当； 2. 工作液太脏或工作液供应不全； 3. 变频跟踪不灵敏	1. 调整电规准（电参数）； 2. 更换工作液，检查供液系统； 3. 检查变频系统
7	工作精度达不到要求	1. 工作台传动间隙过大； 2. 控制装置或步进电动机失灵或有干扰	1. 调整传动丝杠及传动齿轮的传动间隙； 2. 检查控制系统

 任务实施

电火花线切割机的日常维护与常见故障处理

一、实施目标

1. 认识电火花线切割机各组成结构，会进行日常维护。

2. 掌握电火花线切割机日常维护及常见故障分析与排除技术。

3. 养成规范操作、认真细致、严谨求实的工作态度。

二、实施准备

1. 阅读教材，参考资料，查阅网络。

2. 熟悉设备技术资料，认识各组成元器件。

3. 实验仪器与设备：苏州长风 DK7725E 型线切割机床或试验台、0.18 mm 钼丝 300 m、100 mm×100 mm×5 mm 钢板 1 片、0～125 mm 游标卡尺、150 mm 钢板尺。

三、相关知识

1. DK7725E 型线切割机床简介

1）基本结构

机床由主机和控制柜两大部分组成，配有 CNC-10A 型自动编程和控制系统，其机床主机结构如图 3-28 所示。

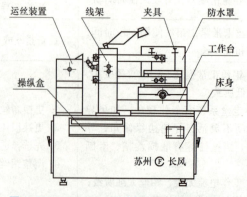

图 3-28　DK7725E 型线切割机床基本结构图

2）DK7725E 型线切割机床主要技术参数

工作台横向行程：250 mm；

工作台纵向行程：320 mm；

加工工件最大厚度：300 mm；

加工工件最大锥度：6°/100 mm；

加工表面粗糙度：$Ra \leqslant 2.5\ \mu m$；

最高材料去除率：$\approx 100\ mm^2/min$；

3）DK7725E 型线切割机床传动系统

工作台传动路线如图 3-29 所示。

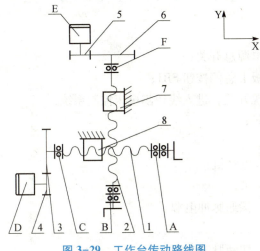

图 3-29　工作台传动路线图

X 向：控制系统发出进给脉冲→步进电动机 D→齿轮 4/齿轮 3→横向丝杠 1→螺母 8。

Y 向：控制系统发出进给脉冲→步进电动机 E→齿轮 5/齿轮 6→纵向丝杠 2→螺母 7。

运丝部件的传动路线，如图 3-30 所示。

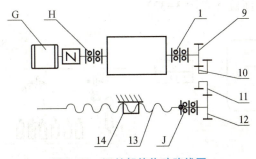

图 3-30　运丝部件传动路线图

电动机 G→联轴器→运丝筒高速旋转→齿轮 9/齿轮 10→齿轮 11/齿轮 12→丝杠 13→螺母 14 带动拖板→行程开关。运丝装置带动电极丝按一定线速度运动，并将电极丝整齐地排绕在运丝筒上，行程开关控制运丝筒的正反转。

4）机床的基本操作（见图 3-31）

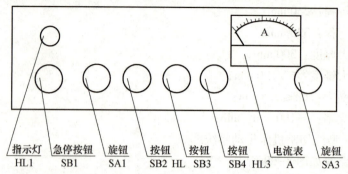

| 指示灯
HL1 | 急停按钮
SB1 | 旋钮
SA1 | 按钮
SB2 HL | 按钮
SB3 | 按钮
SB4 HL3 | 电流表
A | 旋钮
SA3 |

图 3-31　DK7725E 型线切割机床操作面板

（1）开机。

① 合上机床主机上电源总开关；

② 松开机床电气面板上急停按钮 SB1；

③ 合上控制柜上电源开关，进入线切割机床控制系统；

④ 按要求装上电极丝；

⑤ 逆时针旋转 SA1；

⑥ 按 SB2，启动运丝电动机；

⑦ 按 SB4，启动冷却泵；

⑧ 顺时针旋转 SA3，接通脉冲电源。

（2）关机。

① 逆时针旋转 SA3，切断脉冲电源；

② 按下急停按钮 SB1；运丝电动机和冷却泵将同时停止工作；

③ 关闭控制柜电源；

④ 关闭机床主机电源。

2. DK7725E 型线切割机床电加工参数的合理选择

1）机床电气柜操作面板（见图 3-32）

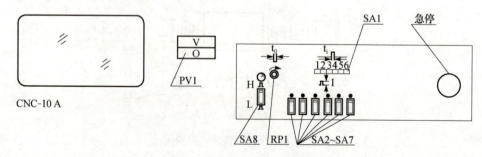

图 3-32　DK7725E 型线切割机床电气柜操作面板

SA1—脉冲宽度选择　　　　　SA2~SA7—功率管选择

SA8—电压幅值选择　　　　　RP1—脉冲间隔调节

PV1—电压幅值指示

急停按钮—按下此键，机床运丝、水泵电动机全停，脉冲电源输出切断。

脉冲电源参数设置

脉冲宽度 t_i 选择开关 SA1 共分六挡，从左边开始往右边分别为：

第一挡：5 μs　　　　第二挡：15 μs　　　　第三挡：30 μs

第四挡：50 μs　　　　第五挡：80 μs　　　　第六挡：120 μs

功率管个数选择开关 SA2～SA7 可控制参加工作的功率管个数，如六个开关均接通，六个功率管同时工作，这时峰值电流最大。如五个开关全部关闭，只有一个功率管工作，此时峰值电流最小。每个开关控制一个功率管。

幅值电压选择开关 SA8 用于选择空载脉冲电压幅值，开关按至"L"位置，电压为 75 V 左右，按至"H"位置，则电压为 100 V 左右。

改变脉冲间隔 t_0 调节电位器 RP1 阻值，可改变输出矩形脉冲波形的脉冲间隔 t_0，即能改变加工电流的平均值，电位器旋置最左，脉冲间隔最小，加工电流的平均值最大。

电压表 PV1，由 0～150 V 直流表指示空载脉冲电压幅值。

2）参数选择

正确选择脉冲电源加工参数，可以提高加工工艺指标和加工的稳定性。粗加工时，应选用较大的加工电流和大的脉冲能量，可获得较高的材料去除率（即加工生产率）。而精加工时，应选用较小的加工电流和小的单个脉冲能量，可获得表面粗糙度较高的加工工件。

加工电流就是指通过加工区的电流平均值。单个脉冲能量大小，主要由脉冲宽度、峰值电流、加工幅值电压决定。脉冲宽度是指脉冲放电时脉冲电流持续的时间，峰值电流指放电加工时脉冲电流峰值，加工幅值电压指放电加工时脉冲电压的峰值。

下列参数可供使用时参考：

精加工：SA1 选择左面开始第一挡，SA8 按至"L"位置，幅值电压为 75V 左右，SA2、SA3 接通，调节电位器 RP1，加工电流在 0.8～1.2 A，加工表面粗糙度 $Ra \leqslant 2.5$ μm。

最大材料去除率加工：SA1 选择左面开始第四挡，SA8 按至"H"位置，幅值电压为 100 V 左右，SA2～SA7 全部接通，调节 RP1，加工电流控制在 4～4.5 A，可获得 100 mm^2/min 左右的去除率（加工生产率）。（材料厚度在 40～60 mm）。

大厚度工件加工（>300 mm）：幅值电压打至"H"挡，SA1 选第五、六挡，功率管开 4～5 个，加工电流 2.5～3 A，材料去除率>30 mm^2/min。

较大厚度工件加工（60～100 mm）：幅值电压打至高挡，SA1 选取第五挡，功率管开 4 个，加工电流调至 2.5～3 A，材料去除率 50～60 mm^2/min。

薄工件加工：幅值电压选低挡，SA1 选第一或第二挡，功率管开 2～3 个，加工电流调至 1 A 左右。

3. 电极丝具体绕装方法（如图 3-33、图 3-34 所示）

1）绕装

（1）机床操纵面板 SA1 旋钮左旋；

（2）上丝起始位置在储丝筒右侧，用摇手手动将储丝筒右侧停在线架中心位置；

（3）将右边撞块压住换向行程开关触点，左边撞块尽量拉远；

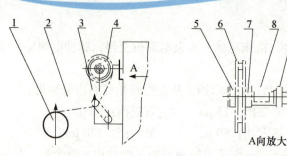

图 3-33 电极丝绕至储丝筒上示意图

1—储丝筒；2—钼丝；3—排丝轮；4—上丝器；5—螺母；6—钼丝盘；7—挡圈；8—弹簧；9—调节螺母

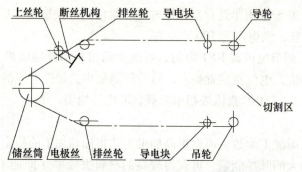

图 3-34 电极丝绕至丝架上示意图

（4）松开上丝器上螺母 5，装上钼丝盘 6 后拧上螺母 5；

（5）调节螺母 5，将钼丝盘压力调节适中；

（6）将钼丝一端通过图中件 3 上排丝轮后固定在储丝筒 1 右侧螺钉上；

（7）空手逆时针转动储丝筒几圈，转动时撞块不能脱开换向行程开关触点；

（8）按操纵面板上 SB2 旋钮（运丝开关），储丝筒转动，钼丝自动缠绕在储丝筒上，达到要求后，按操纵面板上 SB1 急停旋钮，即可将电极丝装至储丝筒上（如图 3-33）；

（9）按图 3-34 所示，将电极丝绕至丝架上。

2）电极丝垂检

将垂直检具置于工件表面上，并与高频电源一个输出端连接，另一端与导电块（钼丝）连接，慢慢移动工作台，使钼丝接近垂直检具，当钼丝沿检具侧面全部长度上放火花，说明钼丝已垂直。如上或下一端无火花，说明无火花端与检具表面距离较远，应调整钼丝位置，达到全部有火花为止。（或用垂直校正器，在 XY 方向上下透光一致即可）。

4. 机床润滑（见表 3-11）

表 3-11 机床用油说明

序号	润滑部分		加油时间	加油方法	润滑油种类
1	工作台部位	滚珠丝杠 横向	每月一次	油壶	20#机油
2		滚珠丝杠 纵向			
3		齿轮筒 横向			
4		齿轮筒 纵向			

续表

序号	润滑部分		加油时间	加油方法	润滑油种类
5	运丝部件	传动轴轴承	每班一次	油枪	30#机油
6		丝杠及螺母			
7		拖板导轨			
8		导轮副滚动轴承	每二个月	更换	高速润滑脂
9		其他滚动轴承	每六个月	更换	润滑油脂
10		电动机轴承	按电动机规定		

四、实训内容

1. 认识 DN7725E 型电火花线切割机组成结构；

2. 进行设备日常基础保养；

3. 进行穿丝及放电间隙调整。

五、实训步骤

1. 检查设备是否正常，连接线是否安全可靠；

2. 按比例（通常按 1∶10）调配工作液，并注满工作液箱，检查各接头是否牢固，回水是否通畅；

3. 合上设备主机上电源开关；

4. 合上设备控制柜上电源开关，启动计算机，双击计算机桌面上 YH 图标，进入线切割控制系统；

5. 解除设备主机上的急停按钮；

6. 按设备润滑要求加注润滑油（见表 3-11）；

7. 开启设备空载运行两分钟，检查其工作状态是否正常；

8. 按所加工零件的尺寸、精度、工艺等要求，在线切割自动编程系统中编制线切割加工程序，并送控制台。或手工编制加工程序，并通过软驱读入控制系统；

9. 在控制台上对程序进行模拟加工，以确认程序准确无误；

10. 工件装夹，具体操作步骤如下：

（1）装夹工件前穿丝并校正电极丝与工作台的垂直度；

（2）选择合适的夹具，将工件固定在工作台上；

（3）选择合理的工件装夹位置，保证工件的加工区域在机床行程范围之内；

（4）根据工件图纸要求，用百分表等量具找正基准面。

11. 开启运丝筒；

12. 开启冷却液；

13. 选择合理的电加工参数；

14. 手动或自动对刀；

15. 点击控制台上的"加工"键，开始自动加工；

16. 加工完毕后，退出控制系统，并关闭控制柜电源；

17. 拆下工件，测量并记录数据；

18. 关闭主机电源，清理设备及场地。

六、注意事项

1. 开始时，特别应注意：先开运丝系统，后开工作液泵，避免工作液浸入导轮轴承内，停机时，应先关工作液泵，稍停片刻再停运丝系统。

（1）切割加工时进给速度和电蚀速度要协调好，不要欠跟踪或跟踪过紧，欠跟踪是使加工经常处于开路状态，电流不稳定，容易造成断丝，过紧跟踪时容易造成短路，也会降价材料去除率，一般调节变频进给，使加工电流为短路电流的 0.85 倍左右，电流表指针略有晃动即可；

（2）改变加工的电参数，必须关断脉冲电源输出，（调整间隔电位器 RP1 除外），在加工过程中一般不应改变加工电参数，否则会造成加工表面粗糙度不一样。

2. 要注意人身及设备的安全。

3. 未经指导教师许可，不得擅自任意操作，特别是在设备运行或带压时，不得进行任何装拆工作。

4. 调整要注意使用适当的工具，在正确的部位加力。

5. 操作要按规定时间完成，符合基本操作规范，并注意安全。

6. 实验完毕后，要注意清理现场与设备。

七、实施评价

"电火花线切割机日常维护与常见故障处理"评价表

指标评分	设备日常维护	穿丝与垂检	放电间隙间隙调整	调整结果检验	参与态度	动作技能	合计
标准分	20	20	20	10	15	15	100
扣分							
得分							
评价意见：							
评价人：							

案例 3　空压机维护保养

 任务描述

空气压缩机简称空压机或压缩机，是一种输送气体和提高气体压力的设备，在现代化工业各个部门中应用极广，是一种常见的、必不可少的机电设备。空压机在运转过程中难免会出现一些故障现象，正确的维护与保养对空气压缩机的使用寿命及运行可靠性起着至关重要的作用，且直接影响企业其他机电设备的运行。若能正确使用空压机，做好维护和保养工作，则会降低故障的发生率，避免损失。本案例针对目前应用较广泛且经济性较好双螺杆式空压机，学习重点在于了解其结构、原理；熟悉空压机的安全操作规程；熟练掌握空压机日常维护保养技术，并能进行空压机的日常及定期检查、维护保养工作及常见故障的处理。

 任务分析

了解并掌握压缩机的种类、结构、原理有助于掌握压缩机基础维护方法及常见故障的处理。空压机是由各零部件组成的统一整体，如果有一个零件不符合要求，都会影响整机的正常运行，出现影响排气的故障现象，在日常使用与维护时应按照设备操作规程正确操作，做好每个零部件的清理与维护，定期更换润滑油和零部件；对于出现的故障，应根据故障现象作出正确判断，按照故障排除的方法和步骤安全排除故障，同时做好设备的基础维护。

 知识准备

一、概述

空气压缩机（如图 3-35 所示）是气源装置中的主体，它是将原动机（通常是电动机）的机械能转换成气体压力能的装置，是压缩空气的气压发生装置。

1. 种类

空气压缩机按工作原理可分为容积式和透平式（速度式）。容积式压缩机通过压缩气体的体积，使单位体积内气体分子的密度增加以提高压缩空气的压力；速度式压缩机则是通过提高气体分子的运动速度，使气体分子具有的动能转化为气体的压力能，从而提高压缩空气的压力。

图 3-35 空气压缩机

按结构形式的不同，分类如图 3-36 所示。

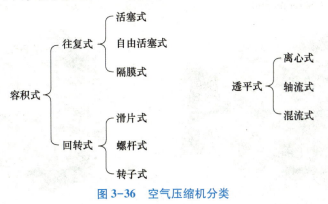

图 3-36 空气压缩机分类

其中螺杆式中的双螺杆式空压机维修方便，节能，按规范操作寿命长，因此应用广泛。

2. 螺杆式压缩机工作原理

螺杆式压缩机的工作循环可分为吸气过程（包括吸气和封闭过程）、压缩过程和排气过程。随着转子旋转，每对相互啮合的齿相继完成相同的工作循环，为简单起见我们只对其中的一对齿进行研究。

1）吸气过程（见图 3-37）

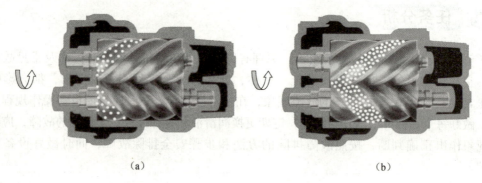

（a）   （b）

图 3-37
（a）吸气过程；（b）封闭过程

随着转子的运动，齿的一端逐渐脱离啮合而形成了齿间容积，这个齿间容积的扩大在其内部形成了一定的真空，而此时该齿间容积仅仅与吸气口连通，因此气体便在压差作用下流入其中。在随后的转子旋转过程中，阳转子的齿不断地从阴转子的齿槽中脱离出来，此时齿间容积也不断地扩大，并与吸气口保持连通。随着转子的旋转齿间容积达到了最大值，并在此位置齿间容积与吸气口断开，吸气过程结束。

吸气过程结束的同时阴阳转子的齿峰与机壳密封，齿槽内的气体被转子齿和机壳包围在一个封闭的空间中，即封闭过程。

2）压缩过程（见图 3-38）

随着转子的旋转，齿间容积由于转子齿的啮合而不断减少，被密封在齿间容积中的气体所占据的体积也随之减少，导致气体压力升高，从而实现气体的压缩过程。压缩过程可一直持续到齿间容积即将与排气口连通之前。

3）排气过程（见图 3-39）

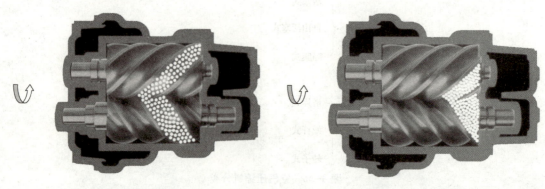

图 3-38 压缩过程   图 3-39 排气过程

齿间容积与排气口连通后即开始排气过程，随着齿间容积的不断缩小，具有内压缩终了压力的气体逐渐通过排气口被排出，这一过程一直持续到齿末端的型线完全啮合为止，此时

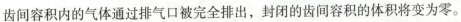

齿间容积内的气体通过排气口被完全排出，封闭的齿间容积的体积将变为零。

从上述工作原理可以看出，螺杆压缩机是通过一对转子在机壳内作回转运动来改变工作容积，使气体体积缩小、密度增加，从而提高气体的压力。

3. 螺杆空压机的构成

一台喷油螺杆空压机组主要由主机和辅机两大部分组成，主机包括螺杆空压机主机和主电动机，辅机包括进排气系统、喷油及油气分离系统、冷却系统、控制系统和电气系统等。

在进排气系统中，自由空气经过进气过滤器滤去尘埃、杂质之后，进入空压机的吸气口，并在压缩过程中与喷入的润滑油混合。经压缩后的油气混合物被排入油气分离桶中，经一、二次油气分离，再经过最小压力阀、后部冷却器和气水分离器被送入使用系统。

在喷油及油气分离系统中，当空压机正常运转时，油气分离桶中的润滑油依靠空压机的排气压力和喷油口处的压差，来维持在回路中流动。润滑油在此压差的作用下，经过温控阀进入油冷却器，再经过油过滤器除去杂质微粒后，大多数的润滑油被喷入空压机的压缩腔，起到润滑、密封、冷却和降噪的作用；其余润滑油分别喷入轴承室和增速齿轮箱。喷入压缩腔中的那一部分油随着压缩空气一起被排入油气分离桶中，经过离心分离绝大多数的润滑油被分离出来，还有少量的润滑油经过滤芯进行二次分离，被二次分离出来的润滑油经过回油管返回到空压机的吸气口等低压端。

二、螺杆空压机的保养与维护

正确的保养与维护对螺杆空压机的使用寿命及运行可靠性起着至关重要的作用，维护保养规程见表3-12。

表3-12 空压机维护保养规程

检查周期	检查项目	备 注
每日	油位检查	油位应在油窗1/2
	检查压力表读数	启、停压力是否正常
	检查压力控制器	动作是否准确灵敏
	清洁空压机及工作环境	影响进气质量
	主管路排污	防止压缩空气和油蒸汽污染而引起爆燃
	应将储气罐内的冷凝水，排放二至三次（视环境湿度和温度可适当调整）	
每500小时一次	更换润滑油	将曲轴箱内润滑油放净
每1 000小时一次	放空系统清洗检查	电磁阀动作是否灵敏
	清洗电磁阀前铜基烧结过滤片	电磁阀动作是否灵敏
	清洗滤清器滤芯	环境如恶劣可适时更换
	清洗各级气阀，清除积碳	如损坏严重可更换
	清洗、检查冷却系统	堵塞严重应进行清理或更换
	对各运机构进行检查	调整其相互配合间隙
	三角皮带是否过松	调整中心距或更换
	更换压缩机油	将曲轴箱内润滑油尽可能倒净，并控干净内壁

续表

检查周期	检查项目	备　注
每年一次	校核压力表	
	对各运动机构进行检查	调整其相互配合间隙
	检查压和控制器动作值	
	严格按照国家劳动部门有关规定到当地劳动局校核储气罐，安全阀性能	在最高压力值时及时打开
	更换压缩机油	
	检查管道是否漏气、通道堵塞	清洗或更换
	严格按照国家低压电器安装使用标准进行检测电动机、电器等绝缘电阻值大于 2 MΩ	
	更换吸气过滤器芯	
	清洗外部、储气罐内腔	

三、空压机的常见故障与处理（见表3-13）

空压机在运行中若出现异常现象，必须立即查明故障原因，即时排除故障，待修复后才能继续使用，切勿盲目继续使用以致发生不可预测的损失。

表3-13　故障排除参照表

故障现象	可能产生的原因	排除方法及对策
空压机无法启动	1. 保险丝烧断； 2. 启动电器故障； 3. 启动按钮接触不良； 4. 电路接触不良； 5. 电压过低； 6. 主电动机故障； 7. 主机故障（主机有异常声，局部发烫）； 8. 电源缺相； 9. 风扇电动机过载	请电气人员检修更换
运行电流高，空压机自动停机（主电动机过热报警）	1. 电压太低； 2. 排气压力过高； 3. 油气分离器堵塞； 4. 压缩机主机故障； 5. 电路故障	1. 请电气人员检查； 2. 检查/调整压力参数； 3. 更换新件； 4. 机体拆检； 5. 请电气人员检查
排气温度低于正常要求	1. 温控阀失灵； 2. 空载过久； 3. 排气温度传感器失灵； 4. 进气阀失灵，吸气口未全打开	1. 检修清洗或更换阀芯； 2. 加大用气量或停机； 3. 检查、更换； 4. 清洗、更换

故障现象	可能产生的原因	排除方法及对策
排气温度过高，空压机自动停机（排气温度过高报警）	1. 润滑油量不足； 2. 润滑油规格/型号不对； 3. 油过滤器堵塞； 4. 油冷却器堵塞或表面污垢严重； 5. 温度传感器故障； 6. 温控阀失控； 7. 风扇及冷却器集灰过多； 8. 风扇电动机未运转	1. 检查添加油； 2. 按要求更换新油； 3. 检查更换新件； 4. 检查清洗； 5. 更换新件； 6. 检查清洗、更换新件； 7. 拆下清洗、吹净； 8. 检查电路及风扇电动机
排出气体含油量大	1. 油气分离器破损； 2. 单向回油阀堵塞； 3. 润滑油过量	1. 更换新件； 2. 清洗单向阀； 3. 放出部分冷却油
空压机排气量低于正常要求	1. 空气滤清器堵塞； 2. 油气分离器堵塞； 3. 电磁阀漏气； 4. 气管路元件泄漏； 5. 皮带打滑、过松； 6. 进气阀不能完全打开	1. 吹除杂质或更换新件； 2. 更换新件； 3. 清洗或更换新件； 4. 检查修复； 5. 更换新件、张紧皮带； 6. 清洗、更换受损件
停机后从空气滤清器吐油	进气阀内的单向阀弹簧失效或单向阀密封圈损坏	更换损坏的元件
安全阀动作喷气	1. 安全阀使用时间长，弹簧疲劳； 2. 油气分离器堵塞； 3. 压力控制失灵，工作压力高	1. 更换或重新调定； 2. 更换新件； 3. 检查重新调定

 任务实施

空压机日常维护与常见故障处理

一、实施目标

1. 认识空压机各组成结构，会进行日常维护。

2. 掌握空压机常见故障分析与排除技术。

3. 养成规范操作、认真细致、严谨求实的工作态度。

二、实施准备

1. 阅读教材，参考资料、查阅网络。

2. 熟悉设备技术资料，认识各组成元器件。

3. 实验仪器与设备：双螺杆空压机、扳手、起子、气枪、刷子等。

三、相关知识

1. 空压机组成部分及维护与保养

1）网的维护与保养

网（见图 3-40）用于除尘并使进入空压机的空气保持清洁，同时防止冷却器等部位积尘。若不维护，会导致使吐出温度上升而异常停止；冷却器过早被堵塞；使冷却功能下降而造成冷却风扇的节能效果降低（变频冷却风扇方式）。

维护方法：取出隔尘网，用空气清扫，很脏可用中性洗洁剂清洗；日常检查发现损坏时予以更换。

2）进气空滤芯的维护与保养

空气滤清器（见图 3-41）是滤除空气尘埃污物的部件，过滤后的干净空气进入螺杆转子压缩腔压缩。因螺杆机内部间隙只允许 15 μm 以内的颗粒滤出。如果空滤芯堵塞破损，大量大于 15 μm 的颗粒物进入螺杆机内循环，不仅大大缩短机油滤芯、油细分离芯的使用寿命，还会导致大量颗粒物直接进入轴承腔，加速轴承磨损使转子间隙增大，压缩效率降低，甚至发生转子咬死。

维护方法：

空气隔尘网

图 3-40　空气隔尘网

图 3-41　空气滤清器

（1）空滤芯最好每星期保养一次，拧开压盖螺母，取出空滤芯，用 0.2～0.4 MPa 的压缩空气，从空滤芯内腔向外吹除在空滤芯外表面的尘埃颗粒，用干净的抹布将空滤壳内壁上的脏物擦干净。装回空滤芯，注意空滤芯前端部的密封圈要与空滤壳内端面贴合严密。柴油动力螺杆机的柴油机进气空滤芯的保养应与空压机空滤芯同步进行，保养方法相同；

（2）空滤芯正常情况 1 000～1 500 小时更换一次，环境恶劣的使用场所，建议每 500 小时更换空气滤芯；

（3）清洁或更换空滤芯时，部件必须一一核对，严防异物落入进气阀；

（4）平时须经常检查进气伸缩管有无破损、吸扁，伸缩管与空滤进气阀的连接口有无松动、漏气，如发现须及时修复、更换。

3）机油过滤器（见图 3-42）的更换

（1）新机第一次运行 500 小时后应更换机油芯，用专用扳手反旋油滤芯取下，新滤芯装上前最好加螺杆机油，滤芯密封用双手拧回油滤座，用力拧紧。

（2）建议每 1 500～2 000 小时更换新滤芯，换机油时最好同时更换油滤芯，在环境恶劣时使用应缩短更换周期。

（3）严禁超期限使用机油滤芯，否则由于滤芯堵塞严重，压差超过旁通阀承受界限，旁通阀自动打开，大量脏物、颗粒会直接随机油进入螺杆主机内，造成严重后果。

4）油气分离器的维护更换

油气分离器（见图 3-43）是将螺杆润滑油与压缩空气分离的部件，正常运行下，油气分离器的使用寿命在 3 000 小时左右，但润滑油的品质及空气的过滤精度对其寿命有巨大的影响。可见在恶劣使用环境下必须缩短空滤芯的保养更换周期，甚至考虑加装前置空气滤清器。油气分离器在到期或者前后压力差超过 0.12 MPa 后必须予以更换，否则会造成电动机过载，油气分离器破损跑油。

图 3-42　机油过滤器

图 3-43　油气分离器

更换方法：

（1）拆下油气桶盖上安装的各控制管接头。取出装油气桶盖上伸入油气桶内的回油管，拆出油气桶上盖紧固螺栓；

（2）移开油气桶上盖，取出油雾分离器。除去黏在上盖板上的石棉垫及污物；

（3）装入新的油气分离器，注意上下石棉垫必须加钉订书钉，压紧时石棉垫必须摆整齐，否则会引起冲垫；

（4）按原样装回上盖板、回油管、各控制管，检查有无泄漏。

5）螺杆机油的更换

螺杆机油的好坏对喷油螺杆机的性能具有决定性的影响，良好的油品具有抗氧化稳定性好、分离迅速、清泡性好、高黏度、防腐性能好，因此，必须使用纯正的专用螺杆机油。

新机磨合期 500 小时后进行首次油品更换，以后每运行 2 000 小时更换新油。换油时最好同时更换油过滤器。在环境恶劣的场所使用缩短更换周期。

更换方法：

（1）启动空压机运行 5 分钟，使油温升至 50 ℃以上，油品黏度下降；

（2）停止运行，当油气桶内存有 0.1 MPa 压力时，打开油气桶底部的放油阀，接上储油罐。放油阀应慢慢打开，以免带压带温润滑油四溅伤人污物。等润滑油成滴状后关闭放油阀。拧开油滤芯，把各管路里的润滑油同时放尽，换上新油滤芯；

（3）打开加油口螺堵，注入新油，使油位在油标刻度线范围内，拧紧加油口螺堵，检查有无渗漏现象；

（4）润滑油在使用过程中必须经常检查，发现油位线太低时应及时补充新油，润滑油使用中也必须经常排放冷凝水，一般情况每周排放一次，在高温气候下应2～3天排放一次。停机4小时以上，在油气桶内无压力情况下打开放油阀，排出冷凝水，看到有机油流出时迅速关闭阀门；

（5）润滑油严禁不同品牌混合使用，切忌润滑油超期使用，否则润滑油品质下降，润滑性不良，闪点降低，极易造成高温停机，引起油品自燃。

6）吸气调整阀的保养

吸气调整阀（见图3-44）利用阀体吸入（吐出）空气量来保持必须的压力。不做维护会导致以下情况：压力下降，空气排不出；因不能控制而引起过电流（异常停机）；用电量增大（电费损失）。

吸气调整阀使用达到12 000小时左右，应委托厂家或厂家指定有技术力量的服务工厂进行交换的方法维护。

7）压力调整阀

压力调整阀（见图3-45）能控制吸气调整阀而保持一定压力，压力调整阀不做维护会导致：压力下降不吐出空气；因不能控制而引起过电流（异常停机）；用电量的增加（电费的损失）。

图3-44 吸气调整阀

图3-45 压力调整阀

使用达到12 000小时左右，应进行同时内部消耗品及吸气调整阀的交换保养。

8）压缩机本体

压缩机本体（见图3-46）通过将吸入的空气用螺杆压缩送出压缩后的空气，空压机本体不做维护会导致轴承因消耗而被损坏（本体咬死），破损厉害情况下不能修复，即便修复了压缩机本体性能下降的可能性很大，应委托厂家指定有技术力量的服务工厂进行交换，运行时间达到24 000小时也应进行交换。

9）马达

马达（见图3-47）驱动压缩机以及风扇的运转，不做维护会变导致：因轴承损坏而导致异常停机；因绝缘性能下降而导致烧损。

维护的方法：

（1）参照铭牌进行日常检查，定期加黄油；

（2）发现损坏或是运行达到24 000小时应委托专业技术人员进行轴承交换；

图 3-46　压缩机本体

图 3-47　马达

（3）当绝缘下降时，进行绝缘的再处理。

10）冷却器的保养

冷却器（见图 3-48）散热效果的好坏，直接影响空压机的使用温度。板翅式的结构（见图 3-48（a））又容易结聚尘埃，所以冷却器保养需要每次用 0.4 MPa 以上的干燥压缩空气从上往下吹。而直立式（见图 3-48（b））的冷却器是直立着的，保养的时候就需要用 0.4 MPa 以上的干燥压缩空气从外往里吹，吹过后再将导风罩内的尘埃、颗粒清理干净，防止再次被风扇吹进冷却器中造成堵塞，引起机器高温。机器如果在恶劣的环境下使用，冷却器表面满是油污，那就必须用结碳清洗剂将其清洗干净。

（a）　　　　　　　　　　　　（b）

图 3-48　冷却器

（a）板翅式冷却器；（b）直立式冷却器

11）皮带

皮带（见图 3-49）把马达的驱动力传送至压缩机的本体，不做维护会导致停止供应压缩空气；皮带打滑（空气量减少）；皮带断裂；皮带过早磨损。

维护的方法：调整到适宜的张力，及时交换更新，皮带使用寿命一般在 12 000 小时左右。

12）自动温度调整阀

自动温度调整阀（见图 3-50）能将润滑油温度保持在最适宜状态；防止润滑油中产生冷凝水。不做维护则无法保证稳定的油温，若温度异常上升会导致异常停机；温度异常下降则会导致润滑油中产生冷凝水使油发生早期劣化；因冷凝水的产生导致轴承早期磨损，使压缩机本体破损。

图 3-49　皮带

图 3-50　自动温度调整阀

正常使用时间达到 6 000 小时应及时进行内部消耗部件的交换。

13）保压单向阀

保压单向阀（见图 3-51）能将机器内部的压力保持在适当的状态，防止在低压情况下油混在压缩空气中排出。不做维护会导致：吐出压力的下降；无压缩空气排出；生产线上有油放出（油的消耗量大）。

正常使用时间达到 12 000 小时应及时进行内部消耗部件的交换。

14）干燥机

干燥机（见图 3-52）能把水分从压缩空气中析出提供干燥的空气。不做维护会导致干燥机异常停止；生产线上有水出现；干燥机的效率低下（损失电费）。

图 3-51　保压单向阀

图 3-52　干燥机

干燥机维护的方法：空冷式每月一次用空气清扫冷却器；水冷式每月一次用药品清洗热交换器。

15）自动排水阀（电磁排水阀）

排水阀（见图 3-53）能排放从压缩空气内析出的冷凝水。不做维护会导致：生产线上会有水产生；干燥机异常停止；因效率降低导致电费的浪费。

维护的方法：每日查看，确认冷凝水的排出与否；进行自动排水器内部的清扫；及时交换内部的损耗部品，自动排水阀（电磁排水阀）的使用寿命在 6 000 小时左右。

2. 空压机操作步骤

1）操作前的准备

（1）应保持电动机附近环境的清洁和干燥，防止电动机受潮或吸入粉尘；

（2）柴油发动机应保持机身清洁无渗漏现象，并检查油、水有无缺少；

（3）检查各运转部位有无工具和杂物，并清扫干净；

（4）曲轴箱中的油质和油量应符合要求；

（5）各连接部位应无松动现象；

图 3-53　排水阀

（6）检查柴油机与压缩机的连接部分螺丝有无松动；

（7）冬季使用起动液起动发动机时应做好防毒、防火措施，要远离明火；

（8）发动机起动后应在中速下升温，且不得在空气不良处暖机；

（9）检查柴油发动机各部位是否正常，各附件连接是否可靠，并排除不正常现象；

（10）检查电启动系统电路接线是否正常，蓄电池是否充足；

（11）检查油底壳油是否缺少，散热器是否缺水，加满冷却水及润滑油；

（12）检查压气管路各阀门开闭是否灵活，并处于开机前的位置；

（13）启动设备动作灵活，操作把手应置于零位，油断路器在断开位置；

（14）盘车数转，应无刮磨或阻卡现象；

（15）调节卸荷器（关闭梅花手轮），使空压机处于无负荷状态；

（16）气泵每次开车启动前，检查油位，若低于油标下限，要加油；

（17）对于气调压缩机，若储气筒内有气，应预先放出，使电动机空载启动。

2）操作程序

（1）检查各运转部位有无工具和杂物，并清扫干净；

（2）曲轴箱中的油质和油量应符合要求。各连接部位应无松动现象；

（3）检查柴油机与压缩机的连接部分螺丝有无松动；

（4）冬季使用起动液起动发动机时应做好防毒、防火措施，要远离明火；

（5）发动机起动后应在中速下升温，且不得在通风不良处暖机；

（6）操作起动马达时，时间不应超过 10 分钟，再次起动时应在 2 分钟以后，起动次数超过三次仍不能起动发动机时，应进行检查，排除故障后再起动；

（7）按启动按钮，使发动机处于中速运转状态，观察机油压力是否达到正常要求；

（8）起动后还应观察各仪表指示值，检查发动机运转情况，待水温升 70 ℃时，方可带动空压机；

（9）合上配电屏上的电源闸刀，按启动按钮（或启动手柄），启动电动机，使空压机投入运转；

（10）空负荷运转 2~3 分钟后，如无异常情况，打开减荷阀上的梅花手柄，使空压机带负荷运行；

（11）起动前，必须顺时针拧动减荷阀上的梅花手轮，使吸气口关闭，目的在于使空压机作空负荷起动；

（12）注意一、二级气压表的读数应在正常范围。空转正常后，即可带负荷正式投入运行。

3）运行作业

（1）发动机在高温下严禁加入冷却水，应停机冷却后再补充冷却水；

（2）检查自动调压系统工作的灵敏度和正常性，并判明空压机有无异常响声及漏气现象，一切正常后即可正式运转使用；

（3）电动机及机械部分应无异常响声和振动；

（4）导线各部连接处应无过热现象，开关柜和电动机应无烧焦及其他不正常气味；

（5）各部螺丝、销子等无松动现象；

（6）各仪表指示、各部油位、油温、排气温度及气压等，应符合说明书规定的要求；

（7）操作人员应经常注意空压机的运转情况，特别是下列几个项目：

① 二级排气压力或排气温度；

② 配电屏上电流表读数；

③ 润滑油油位；

④ 压缩机或电动机声响；

⑤ 一、二级气缸的压力；

⑥ 系统有无漏气现象。

（8）气泵在运行中要经常查看压力表读数是否正常，注意机器运转的稳定性，发现有异常振动或响声，立即停机检查；

（9）运行中要注意油面保持在油标指示的 $1/3 \sim 2/3$ 之间，偏低易造成烧瓦抱轴、拉缸，偏高则造成油耗过高，气阀积碳，甚至有更坏的结果；

（10）经常检查运动部件发热情况，气缸盖排气口部位温度不得高于 200 ℃，曲轴箱内油温不得高于 70 ℃。

4）停机

（1）逐渐关闭减荷阀门，使空压机空载运转；

（2）断开电源，电动机停止。柴油机断油，发动机熄灭；

（3）每次工作结束后，待储气筒内压力稍降，将筒底部的排污阀打开，排放油水、污物。对长时间连续运转的机器，一般需每隔 8 小时排放一次，以保证压缩空气的纯洁；

（4）在下列情况下应紧急停机：

① 柴油机的机油压力和水温超过允许范围之内，机器内有异常响声；

② 曲轴箱、气缸和阀室内有异常的撞击响声；

③ 自动调压系统和安全阀工作失灵，致使储气罐内压力超过额定压力；

④ 排气温度、润滑油温度超过允许的最大值；

⑤ 电动机的温升或额定电流超过允许的最大值以及电气线路发生火花现象。

（5）对各运转部件进行清洗，紧固等保养工作，必须在停机后进行；

（6）禁止用汽油或煤油清洗空压机的滤清器、气缸和其他压缩空气管路的零件，以防火灾和爆炸。不得用燃烧方法清除管道油污；

（7）用柴油或汽油清洗机件时，严禁吸烟，附近不得有火种，用过的废油、破布、棉纱要妥善处理，不得乱扔、乱泼；

（8）空气压缩机的空气滤清器须经常清洗，保持畅通，以减少不必要的动力损失；

（9）空气压缩机若用于喷砂除锈等灰尘较大的工作时，应使机械与喷砂场地保持一定距离，并应采取相应的防尘措施。

3. 维护保养前的准备

为确保机组正常运行和有长的使用寿命，良好的维护保养是关键。因此，必须认真地执行螺杆压缩机组的维护保养规程。在着手进行维护之前，至少做好以下准备：

（1）切断主机电源并在电源开关处挂上标志；

（2）关闭通向供气系统的截止阀以防压缩空气到流回被检修的部分。决不要依靠单向阀来隔离供气系统；

（3）打开手动放空阀，排空系统内的压力，保持放空阀处于开启状态；

（4）对于水冷机器，必须关闭供水系统，释放水管路压力；

（5）确保压缩机组已冷却，防止烫伤、灼伤；

（6）擦净地面油痕、水迹，以防滑倒。

四、实施内容

双螺杆空压机的日常维护保养及常见故障的诊断与排除

五、实施步骤

1. 先启动压缩机观察运行情况，判断压缩机状态，然后关闭控制电源；

2. 打开压缩机外壳，认识元器件，进行清理；

3. 更换螺杆机油；

4. 检查各连接点是否松动或脱落，如果是这样应将接头拧紧；

5. 检查完毕，再次打开电源，启动压缩机，看是否能够连续运转；

6. 关闭电源，清理实习场地。

六、注意事项

1. 要注意人身及设备的安全。不要以为机器停机，就认为可以进行维护保养工作，机器的自动控制系统随时会启动压缩机；

2. 未经指导教师许可，不得擅自任意操作。在压缩机运行或带压时，不要拆卸螺母、加油塞以及其他零件；

3. 不可使用可燃性溶剂，如汽油或煤油。清洗空气过滤器或其他零部件应该按说明使用安全溶剂。调整要注意使用适当的工具，在正确的部位加力；

4. 操作要按规定时间完成，符合基本操作规范，并注意安全；

5. 实验完毕后，要注意清理现场与设备。

七、实施评价

"空压机日常维护与常见故障处理"评价表

评分　　　指标	故障分析	操作规范	故障排除	参与态度	合计
标准分	25	30	30	15	100

续表

指标\评分	故障分析	操作规范	故障排除	参与态度	合计
扣分					
得分					
评价意见：					
评价人：					

案例 4　电梯的维护与保养

任务描述

随着中国经济的快速发展，高层建筑越来越多，电梯是高层建筑中必备的垂直交通运输设备，可以说，电梯已成为城市化发展的一个标志，也是一种典型的现代机电设备，具有占地面积小，运输安全、合理的特点。按钮无响应、不能正常启停，运行不平稳是电梯在运输过程中常见的故障现象，若能正确使用，做好电梯的维护和保养，则会降低故障的发生率，避免损失，提高设备的利用率，因此本案例的学习重点在于了解电梯的结构、规格和分类；熟悉电梯的安全操作规程；熟练掌握电梯日常维护保养技术，并能进行电梯日常及定期检查、维护保养工作及常见故障的处理。

任务分析

了解并掌握电梯的种类、结构、原理有助于掌握电梯基础维护方法及常见故障的处理；严格遵守电梯的安全操作规程，不仅是保障人身和设备安全的需要，也是电梯能够正常工作，达到技术性能，发挥自身优势的需要；电梯中广泛采用 PLC 及继电器控制系统，当电气元器件有可靠的配套产品时，可对层楼召唤、平层以及各保护环节作较全面的控制，一般系统外围电路中开关元器件的故障高于 PLC 机本身，但也不排除其自身故障的发生，在排除控制电路和 PLC 故障时应根据故障现象作出正确判断，按照故障排除的方法和步骤安全排除故障，同时做好设备的基础维护。

知识准备

一、概述

随着电力电子技术的发展，更多的新技术被应用在电梯中，电梯的速度已达到 10～

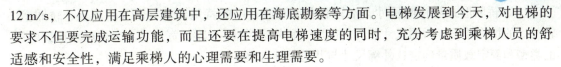

12 m/s，不仅应用在高层建筑中，还应用在海底勘察等方面。电梯发展到今天，对电梯的要求不但要完成运输功能，而且还要在提高电梯速度的同时，充分考虑到乘梯人员的舒适感和安全性，满足乘梯人的心理需要和生理需要。

1. 电梯的分类

根据 GB/T 7024—1997《电梯、自动扶梯、自动人行道术语》中的规定，电梯的定义是："服务于规定楼层的固定式升降设备"。由于电梯的应用场合不同，起到的作用也不尽相同。在建筑设备中，电梯作为一种间歇动作的升降机械，主要承担垂直方向的运输任务，属于起重机械；在公共场所的自动扶梯和自动人行道作为一种连续运输机，主要承担倾斜或水平方向的运输任务，属于运输机械。各国对电梯的分类采用了不同的方法，根据中国的行业习惯，归纳为以下几种：

1）按运行速度分

按运行速度分，可分为低速电梯、快速电梯、高速电梯和超高速电梯。

2）按用途分

按用途分，可分为客梯、货梯和客货梯，每一种又包括很多小类，这是目前普遍使用的分类方式。

3）按拖动方式分

按拖动方式分，可分为交流电梯、直流电梯、液压电梯、齿轮齿条电梯和直线电动机驱动的电梯。

4）按控制方式分

按控制方式分，可分为手柄操纵控制电梯、按钮控制电梯、信号控制电梯、集选控制电梯、并联控制电梯、群控电梯和微机控制电梯等。

5）按拽引机结构分

按拽引机结构分，可分为有齿拽引机电梯和无齿拽引机电梯。

6）按有无司机操作分

按有无司机操作分，可分为有司机电梯、无司机电梯和有/无司机电梯。

2. 电梯的基本规格及型号

1）电梯的基本规格

电梯的基本规格是对电梯的服务对象、运载能力、工作性能及井道机房尺寸等方面的描述，通常包括以下几部分。

（1）电梯的类型，指乘客电梯、载货电梯、病床电梯、自动扶梯等，表明电梯的服务对象；

（2）额定载质量，指电梯设计所规定的轿内最大载荷，习惯上采用所载质量代替；

（3）额定速度，指电梯设计所规定的轿厢速度，单位为 m/s，是衡量电梯性能的主要参数；

（4）驱动方式，指电梯采用的动力种类，分为直流驱动、交流单速驱动、交流双速驱动、交流调压驱动、交流变压变频驱动、永磁同步电动机驱动、液压驱动等；

（5）操纵控制方式，指对电梯的运行实行操纵的方式，分为手柄操纵、按钮控制、信号控制、集选控制、并联控制、梯群控制等；

（6）轿厢形式与轿厢尺寸，指轿厢有无双面开门的特殊要求，以及轿厢顶、轿厢壁、轿厢底的特殊要求。轿厢尺寸分为内部尺寸和外廓尺寸，以深×宽表示。内部尺寸根据电梯的类型和额定载质量确定；外廓尺寸与井道设计有关；

（7）门的形式，指电梯门的结构形式，按开门方式可分为中分式、旁开式、直分式等；按控制方式可分为手动开关门、自动开关门等；

（8）其中额定载质量和额定速度是电梯设计、制造及选择使用时的主要依据，是电梯的主要参数。

2）电梯型号编制方法

电梯的型号根据中国城乡建设部颁布的 JJ45—1986《电梯、液压梯产品型号编制方法》的规定，电梯型号编制方法如下：

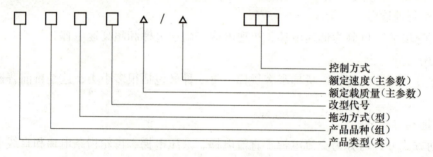

TKJ500/1.0-XH 表示交流乘客电梯，额定载质量为 500 kg，额定速度为 1.0 m/s，信号控制；

THY1000/0.63-AZ 表示液压电梯，额定载质量 1 000 kg，额定速度为 0.63 m/s，按钮控制，自动门；

TKZ800/2.5-JXW 表示直流乘客电梯，额定载质量为 800 kg，额定速度为 2.5 m/s，微机组成的集选控制。

除此之外，国外众多品牌的电梯制造厂家进入中国后，许多合资厂家仍沿用引进国产电梯型号的命名，如"广日"牌电梯是引进日本"日立"技术生产的，其型号的组成如下：

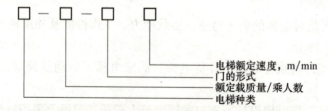

YP-15-C090 表示交流调速乘客电梯，额定乘员 15 人，中分式电梯门，额定速度为 90 m/min；F-1000-2S45 表示货物电梯，额定载质量 1 000 kg，两扇旁开式电梯门，额定速度为 45 m/min。

3. 电梯的结构

电梯是一种典型的现代化机电设备，基本组成包括机械部分和电气部分，从空间上考虑可分为机房部分、井道部分、层站部分和轿厢部分（见图 3-54）。

1）机房部分

机房部分在电梯的最上部，包括拽引系统、限速安全系统、控制柜、选层器、终端保护装置和一些其他部件（如电源总开关、照明总开关、照明灯具等）。

拽引系统是轿厢升降的驱动部件，输出并传递动力，使电梯完成上下运动。拽引系统包括电动机、减速器、拽引轮、制动器和联轴器。根据拽引系统中电动机与拽引轮之间是否有减速器，可把拽引机分为有齿拽引机和无齿拽引机。在有齿拽引机中，电动机与拽引轮转轴间安装减速器，可将电动机轴输出的较高转速降低，以适应拽引轮的需要，并得到较大的拽引转矩，满足电梯运行的需求。拽引轮是电梯运行的主要部件之一，分别与轿厢和对重装置连接，当拽引轮转动时，拽引力驱动轿厢和对重装置完成上下运动。制动器是电梯的重要安全装置，是除了安全钳外能够控制电梯停止运动的装置，同时对轿厢和厅门地坎平层时的准确定位起着重要的作用。

限速安全装置是电梯中最重要的安全装置，包括限速器和安全钳。当电梯超速运行时，限速器停止运转，切断控制电路，迫使安全钳开始动作，强制电梯轿厢停止运动；而当电梯正常运行时，限速器不起作用。限速器与安全钳联合动作才能起到控制作用。

选层器能够模拟轿厢的运动，将反映轿厢位置、呼梯层数的信号反馈给控制柜，并接收反馈信号，起到指示轿厢位置、确定运行方向、加减速、选层及消号的作用。

控制柜包括控制电梯运动的各种电梯元件，一般安装在机房中，在一些无机房电梯系统中，也可安装在井道里或顶层厅门旁边。控制柜控制电梯正常运行的顺序和动作，记忆各层呼梯信号，许多安全装置的电路也由它管辖。

终端保护装置是为了防止电气系统失灵、发生冲顶或撞底事故，在电梯上下终端设置的正常限位停层装置，一般包括强迫减速开关、限位开关和极限开关。

2）井道部分

电梯的井道部分主要包括导向系统、对重装置、缓冲器、限速器张紧装置、补偿链、随行电缆、底坑及井道照明等。

电梯的导向系统包括导轨、导靴、导轨支架，这些都安装在井道中。导轨能限制轿厢和对重在水平方向产生移动，确定轿厢和对重在井道中的相对位置，对电梯升降运动起到导向作用。导靴能够保证轿厢和对重沿各自轨道运行，分别安装在轿厢架和对重架上，即轿厢导

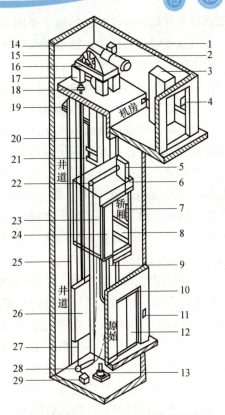

图 3-54　电梯的基本结构示意图

1—制动器；2—拽引电动机；3—电气控制柜；4—电源开关；5—位置检测开关；6—开门机；7—轿内操纵盘；8—轿厢；9—随行电缆；10—层楼显示装置；11—呼梯装置；12—厅门；13—缓冲器；14—减速器；15—拽引机；16—拽引机底盘；17—向导轮；18—限速器；19—导轨支架；20—拽引钢丝绳；21—开关碰块；22—终端紧急开头；23—轿厢框架；24—轿厢门；25—导轨；26—对重；27—补偿链；28—补偿链向导轮；29—张紧装置

143

靴和对重导靴，各 4 对。导轨支架固定在井道壁或横梁上，起到支撑和固定导轨的作用。

对重安装在井道中，能够平衡轿厢及电梯负载的质量，同时减少电动机功率的损耗。对重的质量应按规定选取，使对重与电梯负载尽量匹配，这样能够减小钢丝绳与绳轮间的拽引力，延长钢丝绳的使用寿命。

缓冲器安装在井道中，是电梯的最后一道安全装置。在电梯运行中，当其他所有保护装置都失效时，电梯便会以较大速度冲向顶层或底层，造成严重的后果，缓冲器可以吸收轿厢的动能，减缓冲击，起到保护乘客和货物的作用，减少损失。

补偿链由铁链和麻绳组成，两端分别挂在轿厢底部和对重底部。采用补偿链的目的是当电梯拽引高度超过 30 m 时，避免因拽引钢丝绳的差重而影响电梯的平稳运行。补偿链使用广泛，结构简单，但不适用于高速电梯，当电梯速度较高时，常采用补偿绳，补偿绳以钢绳为主体，可以保证高速电梯的运行稳定。

3）层站部分

电梯的层站部分包括厅门、呼梯装置（召唤箱）、门锁装置、层楼显示装置等。

厅门在各层站的入口处，可防止候梯人员或物品坠入井道，分为半分式、旁开式、直分式等。厅门的开关由安装在轿门上的门刀控制，可与轿门同时打开、关闭，厅门上装有自动门锁，可以锁住厅门，同时也可通过门锁上的微动开门控制电梯启动或停止，这样就能保证轿门和厅门完全关闭后电梯才能运行。

呼梯装置设置在厅门附近，当乘客按动该按钮时，信号指示灯亮，表示信号已被登记，轿厢运行到该层时停止，指示灯同时熄灭。在底层基站的呼梯装置中还有一把电锁，由管理人员控制开启、关闭电梯。

门锁的作用是在门关闭后将门锁紧，通常安装在厅门内侧。门锁是电梯中的一种重要安全装置，当门关闭后，门锁可防止从厅门外将厅门打开出现危险，同时可保证在厅门、轿门完全关闭后，电路接通，电梯才能运行。

层楼显示装置设在每站厅门上面，面板上有代表电梯运行位置的数字和运行方向的箭头，有时层楼显示装置与呼梯装置安装在同一块面板上。

4）轿厢部分

电梯的轿厢部分包括轿厢、轿厢门、安全钳装置、平层装置、安全窗、开门机、轿内操纵箱、指示灯、通信及报警装置等。

轿厢由轿厢架和轿厢体两部分组成，是运送乘客和货物的承载部件，也是乘客能看到电梯的唯一结构。轿厢架是承载轿厢的主要构件，是固定和悬吊轿厢的承重框架，垂直于井道平面，由上梁、立梁、下梁和拉条等部分构成。轿厢体由轿厢底、轿厢壁、轿厢顶和轿厢门构成。轿厢底是轿厢支撑负载的组件，由框架和底板等组成。轿厢壁由薄钢板压制成形，每个面壁由多块长方形钢板拼接而成，接缝处嵌有镶条，起到装饰及减振作用，轿厢内常装有整容镜、扶手等。轿厢顶也由薄钢板制成，上面装有开门机、门电动机控制箱、风扇、操纵箱和安全窗等，发现故障时，检修人员能上到轿厢顶检修井道内底设备，也可供乘客安全撤离轿厢。轿厢顶需要一定的强度，应能支持两个人的质量，以便检修人员进行维修。

轿厢门是乘客、物品进入轿厢的通道，也可避免轿内人员或物品与井道发生相撞。同厅门一样，轿厢门也可分为中分式、旁开式和直分式几种。轿厢门上安装有门刀，可控制厅门与轿门同时开启或关闭。另外，轿门上还装有安全装置，一旦乘客或物品碰及轿门，轿门将停止关闭，重新打开，防止乘客或物品被夹。

安全钳与限速器配套使用，构成超速保护装置，当轿厢对重超速运行或出现突然情况时，限速器操纵安全钳将电梯轿厢紧急停止并夹持在导轨上，为电梯的运行提供最后的综合安全保证。安全钳安放在轿厢架下的横梁上，成对使用，按其运动过程的不同可分为瞬时式安全钳和滑移式安全钳。

平层装置的作用是将电梯的快速运行切换到平层前的慢速运行，同时在平层时能控制电梯自动停靠。

4. 电梯的基本工作原理

如图 3-55 所示，电梯通电后，拖动电梯的电动机开始转动，经过减速机、制动器等组成的拽引机，依靠拽引轮的绳槽与钢丝绳之间的摩擦力使拽引钢丝绳移动。因为拽引钢丝绳两端分别与轿厢和对重连接，且它们都装有导靴，导靴又连着导轨，所以拽引机转动，拖动轿厢和对重做方向相反的相对运动（轿厢上升，对重下降）。轿厢在井道中沿导轨上、下运行，电梯就开始执行竖直升降的任务。

拽引钢丝绳的绕法，按拽引比（拽引钢丝绳线速度与轿厢升降速度之比）常有三种方法，即半绕 1：1 吊索法、半绕 2：11 吊索法和全绕 1：1 吊索法，如图 3-56 所示。

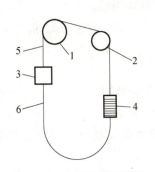

图 3-55　电梯运行示意图

1—拽引轮；2—导向轮；3—轿厢；
4—对重轮；5—拽引绳；6—平衡链

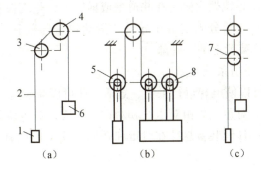

图 3-56　拽引方式示意图

1—对重装置；2—拽引绳；3—导向轮；4—拽引轮；
5—对重轮；6—轿厢；7—复绕轮；8—轿厢轮

二、电梯的系统组成

1. 机械系统

1）拽引系统

（1）拽引机。拽引机是电梯的主拖动机械，驱动电梯的轿厢和对重装置作上、下运动，分为无齿轮拽引机和有齿轮拽引机两种。它们分别用于运行 $v > 2.0$ m/s 的高速电梯和 $v \leqslant 2.0$ m/s 的客梯、货梯上。主要由电动机、电磁制动器、减速器、拽引轮和盘车手轮几部分组成。

（2）减速器。减速器只有在齿轮拽引机中应用，安装在电动机转轴和拽引轮转轴之间，采用蜗轮蜗杆做减速运动。蜗轮与拽引绳同装在一根轴上，由于蜗杆与蜗轮之间有啮合关系，拽引电动机就通过蜗杆驱动蜗轮而带动绳轮做正、反方向运动，如图 3-57 所示。

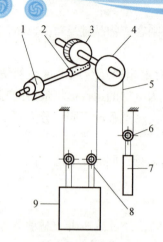

图 3-57　减速系统

1—拽引电动机；2—蜗杆；3—蜗轮；
4—拽引轮；5—拽引钢丝绳；6—对重轮；
7—对重装置；8—轿顶轮；9—轿厢

（3）电磁制动器。电梯正常停车时，为保证平层准确度和电梯的可靠性，安装了电磁制动器。在电梯停止运行或断电状态下，依靠制动弹簧的压力抱闸。正常运行时，它处于通电状态，依靠电磁力松闸。

（4）拽引轮。拽引轮是挂拽引钢丝绳的轮子，轿厢和对重就悬挂在它的两侧。在它上面还加工有拽引绳槽。

（5）拽引钢丝绳。拽引钢丝绳按 GB 8903—1988 生产的电梯专用钢丝绳。由浸油纤维绳作芯子，用优质碳素钢丝捻成。它有较大的强度、较高的韧性和较好的抗磨性。

（6）盘车手轮。盘车手轮装在电动机后端伸出的轴上，在电梯断电时用人力使拽引机转动，将轿厢停在层站放出乘客。平时取下另行保管，必须由专业人员操作。

2）导引系统

它由导轨、导轨架和导靴三部分组成。

（1）导轨由强度和韧性都较好的 Q235 钢经刨削制成，每根导轨长 3 m 或 5 m。不允许采用焊接或螺栓直接连接，而是用螺栓将导轨和加工好的专用接板连接。

（2）导轨架它固定在井道壁或横梁上，是支撑和固定导轨用的。

（3）导靴分固定滑轮导靴、滑动弹簧导靴和胶轮导靴。成对安装在轿厢上梁、底部，以及对重装置上部、底部。

3）平衡系统

它可以使电梯运行平稳、舒适，还可以减少电动机的负载转矩。

（1）对重装置由对重块和对重架组成，对重块固定于对重架上。

（2）补偿装置悬挂在对重和轿厢下面，用以补偿钢丝绳和控制电缆的质量对电梯平衡状态的影响。

4）电梯门

开、关门的方式分手动和自动两种。

（1）手动开、关门。目前应用很少。它是依靠分装在轿门和轿顶、层门与层门框上的拉杆门锁装置来实现的。由专职司机来操作。

（2）自动开、关门。开、关门机构设在轿厢上部的特制钢架上。最常用的自动门锁称为钩子锁。它是带有电气联锁的机械锁，锁壳和电气触头装在层门框上。门锁的电气触点都串联在控制电路中，只有所有触点都接通电梯才可以运行。

2. 主驱动系统

根据拖动电梯运行的电动机类型，电梯的主驱动系统可分为交流单速电梯驱动系统、交流双速电梯驱动系统、交流变压变频调速（VVVF）电梯驱动系统和直流电梯驱动系统等。

1）交流单速电梯主驱动系统

这种主驱动系统电路非常简单，如图 3-58 所示。交流单速电梯只有一种运行速度，常用的速度大多为 0.25～0.3 m/s。电梯的上、下行是通过接触器 KM_1、KM_2 的触点切换电动机上的电源相序使电动机进行正、反两个方向的旋转来实现的。

交流单速电梯主驱动系统及控制系统可靠性好，但平层准确度低，只适应于运行性能要求不高、载质量小、提升高度小的杂物电梯。

2）交流双速电梯主驱动系统

交流双速电梯的主驱动系统原理如图 3-59 所示。从图中可以看出电动机具有两个不同极对数绕组，一个是 6 极绕组，同步转速为 1 000 r/min；一个是 24 极绕组，同步转速为 250 r/min，所以称之为双速电梯。

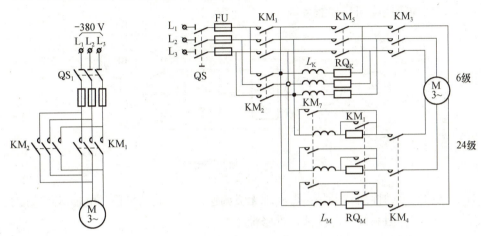

图 3-58　交流单速电梯主驱动系统原理图

图 3-59　交流双速电梯的主驱动系统原理图

工作过程如下：当电梯有了方向后 KM_1（或 KM_2）、KM_3、闭合串接电阻 RQ_K 和电抗启动运行，经 0.8～1.0 s 后，加速接触器 KM_5 闭合，电阻 RQ_K 和电抗 L_K 被短接，电梯在 6 级绕组下加速至稳速运行（额定速度），当电梯快到站时，发生减速信号，KM_3 断开，KM_4 闭合，拽引电动机切换至 24 极绕组下进入再发生电制动状态，电梯随即减速，并按时间原则，KM_6、KM_7 相继闭合，以低速稳定运行，直到平层 KM_1 或 KM_2 断开停车。

由于这种电梯启动后可以高速运行，平层之前可以低速运行，并向电网送电，所以输送效率较高，平层准确，经济性较好，广泛用于 15 层楼以下、提升高度小于 45 m 的低档乘客电梯、货梯、服务电梯等。

3）开环直流快速电梯主驱动系统

如图 3-60 所示是开环直流快速电梯主驱动系统原理图。它由三相交流异步电动机拖动一台同轴相连的直流发电电动机发电，调节直流电动机的励磁电流，就可以输出连续变化的直流电压供给直流拽引电动机，由于直流发电的输出电压可以任意调节，所以，直流拽引电动机的速度很易满足电梯运行时所需要的各种速度。

这种电梯的主要的优点是：起伏和减速都比较平稳，调速容易，载质量大。但整个系统耗电多，结构复杂，体积大，维护难度大，负载变化时电梯的运行不易控制。所

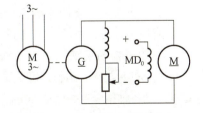

图 3-60　开环直流快速电梯主驱动系统原理图

以，这类电梯已淘汰，只在一些旧建筑物中还有应用。

4）晶闸管励磁直流快速电梯主驱动系统

这种电梯的主驱动系统如图 3-61 所示，与开环直流主驱动系统相比，所不同的是晶闸管及其驱动控制电路取代了开环直流系统中的人工调节直流发电动机的励磁绕组。调整晶闸管控制角的大小即可改变晶闸管的输出电压，从而改变直流发动机的输出电压，使直流电动机的转速得到调节。控制角的大小由速度反馈信号与给定信号比较后确定，这样可以实现速度自动调节，即构成速度闭环控制系统。

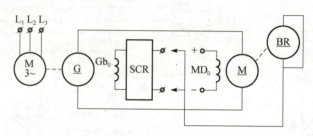

图 3-61　晶闸管励磁直流快速电梯主驱动系统原理图

这种主驱动系统的性能特点是：可实现无级调速，启、制动平稳，电梯运行速度几乎不受负载变化的影响，但系统相对复杂，维修难度大。

5）交流调速电梯主驱动系统

直流调速系统复杂，维修难度大；交流有级调速性能差，给人以不适感，应用范围很窄。又因为交流电动机结构简单，成本低廉，便于维护，有直流电动机不可比拟的优点，发展交流无级调速成为必然趋势。随着电力电子技术的进步，电力电子器件的使用，以及自动控制技术的发展，交流无级调速系统的成本大为降低。目前新型电梯中广泛采用的交流调速主驱动系统是交——直——交变频，称 VVVF 系统。图 3-62 是 VVVF 系统的脉宽调制（PWM）变频原理简图。

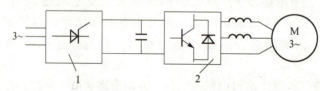

图 3-62　脉宽调制（PWM）变频原理简图
1—晶闸管整流器；2—晶体管逆变器

其工作原理是：将三相交流电整流成为电压大小可调的直流电，再经大电容与逆变器（由电力晶体管组成），以脉宽调制方式输出电压和频率都可调节的交流电。这样交流拽引电动机就可以获得平稳的调速性能。应用这种系统的电梯运行平稳、舒适，平层精度 ≤5 mm。

综上所述，交流调速电梯与一般常用电梯相比，运行时间短，平层误差小，舒适感好，电能消耗小，运行可靠，节省投资，适应范围广，是国内外电梯厂家大力发展的一种电梯。

3. 电气控制系统

电梯的种类多，运行速度范围要求大，自动化程度有高、低之分，工作时还要接受轿厢内、层站外的各种指令，并保证安全保护，系统准确动作。这些功能的实现都要依靠电气控制系统。

电气控制系统是电梯的两大系统之一。电气控制系统是由控制柜、操纵箱、指层灯箱、召唤箱、限位装置、换速平层装置、轿顶检修箱等十几个部件，以及拽引电动机、制动器线圈、开关门电动机及开关门调速开关、极限开关等几十个分散安装在各相关电梯部件中的电器元件构成。

电气控制系统决定着电梯的性能和自动化程度。随着科学技术的发展，电气控制系统发展迅速。在目前国产电梯的电气控制系统中，除传统的继电器控制系统外，又出现采用微机控制的无触点控制系统。在拖动系统方面，除传统的交流单速、双速电动机拖动和直流发电动机—电动机拖动系统外，又出现交流三速、交流无级调速的拖动系统。

电梯通常采用的电气控制系统有继电器——接触器控制、半导体逻辑控制和微机控制系统等。无论哪种控制系统，其控制线路的基本组成和主要控制装置都类似。

1）电气控制系统的组成

电气控制线路的基本组成包括轿厢内指令环节、层站（厅门）召唤环节、定向选层环节、启动运行环节、平层环节、指层环节、开（关）门控制环节、安全保护环节和消防运行环节。对主驱动系统较为复杂的电梯还有电动机调速与控制环节等。各环节之间的控制关系如图3-63所示。

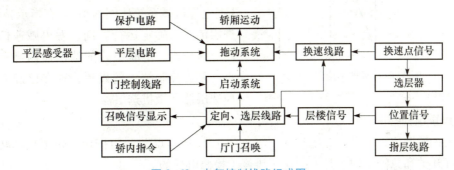

图3-63 电气控制线路组成图

各种控制环节相互配合，使电动机依照各种指令完成正反转、加速、等速、调速、制动、停止等动作，从而实现电梯运行方向（上、下）、选层、加（减）速、制动、平层、自动开（关）门、顺向（反向）截梯、维修运行等。为实现这些功能，控制电路中经常用到自锁、互锁、时间控制、行程控制、速度控制、电流控制等许多控制方式。

2）电气控制系统主要装置

（1）操纵箱。

位于轿厢内，常有按钮操作和手柄开关两种操作方式。它是操纵电梯上、下运行的控制中心。在它的面板上一般有控制电梯工作状态（自动、检修、运行）的钥匙开关、轿厢内指令按钮与记忆指示灯、开（关）门按钮、上（下）慢行按钮、厅外召唤指示灯、急停、电风扇和照明开关等。

（2）召唤按钮箱。

安装在层站门口，供厅外乘用人召唤电梯。中间层只设上行与下行两只按钮，基站还设有钥匙开关以控制自动开门。

（3）位置显示装置。

在轿厢内、层站外都有。用灯光或数字（数码管或光二极管）显示电梯所在楼层，以箭头显示电梯运行方向。

（4）控制柜。

控制电梯运行的装置。柜内装配的电器种类、数量、规格与电梯的停站层数、运行速度、控制方式、额定载荷、拖动类型有关，大部分接触器、继电器都安装在控制柜中。

（5）换速平层装置。

电梯运行将要到达预定楼层尺寸，需要提前减速，平层停车。完成这个任务的是换速平层装置，如图 3-64 所示。它由安装在轿厢顶部和井道导轨上的电磁感应器和隔磁板构成。当隔磁板插入电磁感应器，干簧管内触头接通，发出控制信号。

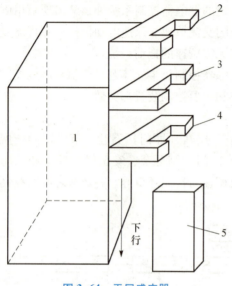

图 3-64　平层感应器

1—轿厢；2，3，4—电磁感应器；5—隔磁板

（6）选层器。

通常使用的是机械、电气联锁装置。用钢带链条或链条与轿厢连接，模拟电梯运行状态（把电梯机械系统比例缩小）。有指示轿厢位置、选层消号、确定运行方向、发出减速信号等作用。这种机、电联锁式的选层器内部有许多触点。随着控制技术的发展，现在已经应用了数控选层器和微机选层器。

（7）轿顶检修厢。

安装在轿厢顶，内部设有电梯快下（慢下）按钮、点动开门按钮、轿顶检修转换开关与检修灯开关和急停按钮，是专门用于维修工检修电梯的。

（8）开、关门机构。

电梯自动开、关门，多采用小型直流电动机驱动。因直流电动机的调速性能好，可以减少开、关门抖动和撞击。

4. 电梯的安全保护系统

电梯运行的安全可靠性极为重要，在技术上采取了机械、电气和机电联锁的多重保护，其级数之多、层次之广是其他任何一种提升设备不能相比的。按国家标准 GB 1005—1988 规定，电梯应有如下安全保护设施：① 超速保护装置；② 供电系统断相、错相保护装置；③ 撞底缓冲装置；④ 超越上、下极限工作位置时的保护装置；⑤ 厅门锁与轿门电气联锁装置；⑥ 井道底坑有通道时，对重应有防止超速或断绳下落的装置等设施。

下面仅介绍机械安全装置和电气安全保护装置。

1）机械安全装置

为保证电梯安全运行，机械系统保护装置中，除拽引钢丝绳的根数一般在 3 根以上，且安全系数至少达 12，另外还设有以下几种安全保护装置。

（1）限速器和安全钳限速器安装在机房内，安全钳安装在轿厢下的横梁下面，限速器张紧轮在井道地坑内。当轿厢下行速度超过 115% 额定速度时，限速器动作，断开安全钳开关，切断电梯控制电路，拽引机停转。如果此时出现意外，轿厢仍快速下降，安全钳即可动作把轿厢夹在导轨上使轿厢不致下坠。

（2）缓冲器设置在井道底坑内的地面上，当发生意外，轿厢或对重撞到地坑时，用来吸收下降的冲击力量。缓冲器分为弹簧缓冲器和油压缓冲器。

（3）安全窗装在轿厢的顶部。当轿厢停在两层之间无法开动时，可打开它将厢内人员用扶梯放出。安全窗打开时，其安全触点要可靠断开控制电路，使电梯不能运行。

2）电气安全保护装置

电气保护的接点都处于控制电路之中。如果它动作，整个控制回路不能接通，拽引电动机不能通电，最终轿厢不能运动。

（1）超速断绳保护这种保护实质为机械电气联锁保护。它将限速器与电气控制线路配合使用。当电梯下降速度达到额定速度的115%时，限速器上第一个开关动作，要求电梯自动减速；若达到额定转速的140%时，限速器上第二个开关动作，切断控制回路后再切断主驱动电路，电动机停止转动，迫使电梯停止运行，强迫安全钳动作，将电梯制停在导轨上。这种保护是最重要的保护之一，凡是载客电梯必须设有这种保护。

（2）层门锁保护电梯在各个门关好后才能运行，这也是一种机械——电气联锁保护。当机械钩子锁锁紧后，电气触点闭合，此时电梯的控制回路才接通，电梯能够运行。另外电梯门上还设有关门保护（如关门力限制保护，光、电门等），防止乘客关门时被夹伤。

（3）终端超越保护电梯在运行到最上或最下一层时，如果电磁感应器或选层器出现故障而不能发出减速信号，电梯就会出现冲顶或撞底这样的严重故障。在井道中依次设置了强迫减速开关、终端限位开关，这几种开关中的一个动作都可迫使电梯停止运行。

（4）三相电源的缺相、错相保护为防止电动机因缺相和错相（倒相）损坏电梯，造成严重事故而设置的保护。

（5）短路保护与所有机电设备一样都有熔断器作为短路保护。

（6）超载保护设置在轿厢底和轿厢顶，当载质量超过额定负载110%时发生动作，切断电梯控制电路，使电梯不能运行。

图3-65是普通交流双速载客电梯安全保护系统框图，从中可看出各种安全保护装置的动作原则。

三、电梯的维护与常见故障处理

1. 电梯日常维护保养安全操作规程

1）基本要求

（1）电梯日常检查和维护人员必须是由身体健康，无妨碍本工种工作疾病的人员担任。

（2）电梯日常检查和维护人员必须经地、市级质量技术监督部门安全监察机构的安全技术培训合适后方可上岗。

（3）电梯日常检查维护人员作业时必须穿戴好相应的劳动保护用品。

（4）电梯在开始进行检查和维护时，应在电梯每层厅门口设置好醒目的安全警告标志和防护栏。

（5）负责电梯三角钥匙的保管和使用，不能将三角钥匙转交他人。使用三角钥匙开启层门时看清轿厢是否停靠在本层站。

2）安全作业规程

（1）电梯在作业检查和维护或在试车过程中，不得载客或载货，禁止非工作人员进入

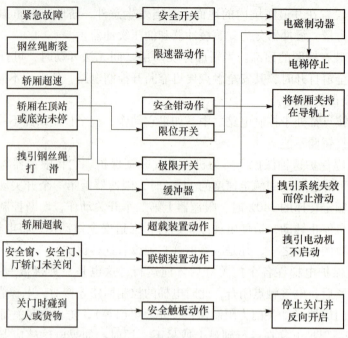

图 3-65 交流双速载客电梯安全保护系统框图

检查区域；

（2）电梯在进行检查、维护、清洁工作时应把机房内的电源开关断开，并切断轿厢内的安全开关；

（3）电梯在检查、维护时所用便携式照明灯具必须采用 36 伏以下的安全电压，且应有防护罩；

（4）在对轿底装置和底坑进行检查和维护时，应首先检查制动器的可靠性，切断底坑内电梯的安全回路，方可开展工作。底坑、机房、轿顶不得同时作业；

（5）电梯维护和检查时必须设立监护人，监护人的职责是采取措施保护检查人员的安全，在经济情况下切断电源，呼救。工作完毕后负责清理场地，不准留下工具零件。监护人可由电梯驾驶人员或日常检查、维护人员担任，并保持相互呼应；

（6）在轿顶作业应合上检修开关。在轿顶须停车较长时间保养时应断开轿顶急停开关，严禁一脚站在厅门口，一脚站在轿顶或轿厢内长时间工作。严禁开启厅门探身到井道内或在轿顶探身到另一井道检查电梯。在轿顶做检查或维护时电梯只能做检修运行。在轿顶做检查或维护时电梯只能做检修运行；

（7）严禁保养人员拉吊井道电缆线，以防止电缆线被拉断；

（8）电梯保养注意事项：

① 非保养人员不得擅自进行作业，保养时应谨慎小心；

② 工作完毕后要装回安全罩及挡板，清理工具，不得留工具在设备内；

③ 离去前拆除加上的临时线路，电梯检查正常后方可使用。

（9）紧急救助措施：

① 当有人员被关在电梯轿厢内时，电梯日常检查、维护人员应先判断电梯轿厢所在位

置，然后实施紧急救助。营救工作必须要有两人协助操作；

② 电梯在开锁区内故障停机，可用三角钥匙直接打开厅门后营救被困人员；

③ 电梯停在非开锁区域时：

（a）因外界停电、电气安全开关动作造成的停机应在机房实施救助。

（b）因电梯安全钳动作造成的停机，首先应告诉被困人员在轿厢内不要惊慌，不能擅自拨门外逃，然后断开电梯的总电源，打开电梯停靠处上层的厅门，放下救助扶梯，打开电梯轿顶的安全窗，将被困人员从安全窗救出来。

（10）日常检查与保养及定期维护完工后应做好相应的记录，每周巡视检查电梯两次，存在问题及时处理，定期巡视检查项目及要求如下表3-14、表3-15、表3-16。

表3-14 电梯巡视检查记录表

巡视内容 巡视结果 电梯编号		1#	2#	3#	4#	5#	6#
机房	设备地面卫生						
	照明设施						
	通风降温设施						
	消防设施						
	泊车工具及其他						
轿厢	设备卫生						
	照明设施						
	风扇						
	指示灯（按钮）						
	轿厢地坎						
层门	外召按钮						
	层站地坎						
	层门卫生						
备注							

表3-15 周检表

	序号	检查、保养内容	具体标准
机房	1	减速箱	清洁，油位正常、无渗漏、少油污
	2	拽引机（拽引轮、导向轮）	润前良好，无异响，温升正常
	3	抱闸	润滑良好，制动平稳、无冲击
	4	限速器	灵活、固定可靠、无松动、无杂声
	5	配电柜，控制柜	仪表指示正常，无异味

续表

	序号	检查、保养内容	具体标准
井道	6	厅门	闭锁可靠，运行平稳，无异响
	7	门地坎（含轿门，门脚滑块）	无杂物堵塞
	8	门保护机构（光电，触板）	动作可靠
	9	轿顶风扇	功能正常，噪声较小
层站	10	电梯运行	舒适感好，振动与噪声较小
	11	灯光信号指示（层灯、按钮）	外观完整，功能正确通畅
	12	卫生状况	轿顶、轿内、层门无积尘，油污
其他	13	有无进水现象	机房、轿顶禁止进水
	14	有无鼠迹现象	机房、底坑不允许进老鼠

表3-16 月检表

序号		检查、保养内容	具体标准	保养周期
	1	按钮、各控制开关、指层灯、到站钟	工作正常，无损坏	每月一次
	2	安全触板、光电保护及其他保护	工作正常，无损坏，动作灵敏，可靠	每月一次
	3	轿门上下坎、滑轮、开刀、轿门机构开门机	无杂物，工作正常	每月一次
	4	安全窗，安全钳开关，轿顶照明及检修盒	各开关正常、灵活可靠，无损坏	每二月一次
	5	感应器及井道信息装置	工作正常，清洁	每二月一次
井道	6	导靴、轿顶鞋、安全钳，超载装置	靴衬无磨损，固定牢固，轮绳槽不应有严重不均匀磨损	每三月一次
	7	厅门滑轮，滑块，强迫关门装置、厅门上下坎	无磨损，工作正常，厅门上下坎无杂物	每月一次
	8	厅门锁、锁紧装置、手动开门装置	动作灵活，最小齿合长度7 mm。能用钥匙打开层门	每月一次
	9	补偿链绳，补偿轮及悬挂装置开关、随行电缆	运行早稳、无异响	每三月一次
	10	各限位开关、换速开关、极限开关	灵活可靠，无损坏，无短接	每月一次
	11	底坑安全开关、照明开关及检修灯	动作灵活可靠	每月一次
	1	减速箱、制动器及电动机。拽引钢丝绳清洗	无漏油、缺油，制动可靠，无油泥	每三月一次
	2	限速器及开关、限速装置	运行早稳，工作正常	每三月一次
机房	3	主电源，照明电源及应急电源检查	供电正常，能切断各路电源	每月一次
	4	控制屏（柜）各项检查	功能正常，动作正常	每月一次
	5	过流装置，短路保护及错、断相保护检查	功能正常	每月一次
	6	限速器，安全钳联动试验	能安全制动	每六月一次
综合	1	底坑卫生、井道卫生、机房卫生	卫生清洁	每月一次
	2	各润滑系统及油位检查	油良好，油位适当	每月一次

2. 电梯常见故障的诊断与排除（见表3-17）

表3-17　电梯常见故障与排除

故障现象	故障原因	排除方法
平层误差大	选层器上的换速触头与固定触头位置不合适	调整
	平层感应器与隔磁板位置不当	调整
	制动器弹簧过松	调整
开、关门速度变慢	开、关门速度控制电路出现故障	检查低速开、关门行程开关，看其他点是否粘住并排除
	开门机传动带打滑	张紧传动带
电梯在行驶中突然停车	外电网停电或倒闸换电	如停电时间过长，应通知维修人员采取营救措施
	由于某种原因，电流过大，总开关熔断器熔断或自动空气开关跳闸	找出原因，更换熔丝或重新合上空气开关
	门刀碰撞门轮，使锁臂脱开，门锁开关断开	调整门锁滚轮与门刀位置
	安全钳动作	在机房断开总电源，将制动器松开，用人为的方法使轿厢向上移动、使安全钳楔块脱离导轨，并使轿厢停靠在层门口，放出乘客。然后合上总电源，站在轿顶上，以检修速度检查各部分有无异常并用锉刀将导轨上的制动痕修光
电梯平层后又自动溜车	制动器制动弹簧过松，或制动器出现故障	收紧制动弹簧或修复调整制动器
	拽引绳打滑	修复拽引绳槽或更换
电梯冲顶撞底	由于控制部分例如选层器换速触头、选层继电器，井道上换速开关、极限开关等失灵、或选层器链条脱落等	查明原因后，酌情修复或更换元器件
	快速运行继电器触头黏住，使电梯保持快速运行直至冲顶、撞底	冲顶时，由于轿厢惯性冲力很大，当对重被缓冲器支承住，轿厢全产生争促抖动下降，可能会使安全钳动作，此时应首先拉开总电源，用木柱支承对重，用3t手动葫芦吊升轿厢，直至安全钳复位
电梯启动和运行速度有明显下降	制动器抱闸未完全打开或局部未打开	调整
	三相电源中有一相接触不良	检查三相电线，紧固各触点
	行车上、下行接触点接触不良	检修或更换
	电源电压过低	调整三相电压，电压值不超过规定值的±10%

续表

故障现象	故障原因	排除方法
预选层站不停车	轿内选层继电器失灵	修复或更换
	选层器上减速动触头与预选静触头接触不良	调整与修复
未选层站停车	快速保持回路接触不良	检查调整快速回路中的继电器与接触器触点，使其接触良好
	选层器上层间信号隔离二极管击穿	更换二极管
在基站将钥匙开关闭合后，电梯不开门（对直流电梯钥匙开关闭合后，发电电动机不启动）	控制电路的熔断器烧坏	更换熔丝，并查找原因
	钥匙开关触点接触不良或折断	如接触不良，可用无水酒精清洗，并调整触点弹簧片；如触点折断，则更换
	基站钥匙开关继电器线圈损坏或继电器触点接触不良	如线圈损坏，更换；如触点接触不良，清洗修复
	有关线路出了毛病	在机房人为使基站钥匙开关继电器吸合、看其以下线路接触器或继电器是否动作，如仍不能启动，则应进一步检查哪一部分出了故障，并加以排除
按下选层钮后没有信号（灯不亮）	按钮接触不良或折断	修复和调整
	信号灯接触不良或绕坏	排除接触不良或更换灯泡
	选层继电器失灵或自锁触点接触不良	更换或修理
	有关线路断了或接线松开	用万用表检测并排除
	选层器上信号灯活动触头接触不良，使选层继电器不能吸合	调整活动触头弹簧，或修复清理触头
有选层信号，但方向箭头灯不亮	信号灯接触不良或绕坏	排除接触不良或更换灯泡
	选层器上自动定向触头接触不良，使方向继电器不能吸合	用万用表或电线短接的方法检测，并调整修复
	选层继电器常开触点接触不良，使方向继电器不能吸合	修复及调整
	上、下行方向继电器回路中的二极管损坏	用万用表找出损坏的二极管，更换
按下关门按钮后，门不关	关门按钮触点接触不良或损坏	用导线短接法检查确定，然后修复
	轿厢顶的关门限位开关常闭触点和开门按钮的常闭触点闭合不好，从而导致整个关门控制回路有断点，使关门继电器不能吸合	用导线短接法将门控制回路中的断点找出，然后修复或更换
	关门继电器出现故障或损坏	排除或更换
	门机电动机损坏或有关线路松动	用万用表检查电动机是否损坏，线路是否畅通，并加以修复或更换
	门机传动带打滑	张紧传动带或更换

续表

故障现象	故障原因	排除方法
电梯已接受选层信号，但门关闭后不能启动	门未关闭到位，门锁开关未能接通	重新开关门，如不奏效，应调整门锁
	门锁开关出现故障	排除或更换
	轿门闭合到位开关未接通	调整和排除
	运行继电器回路有断点或运行继电器出现故障	用万用表检查确定有否断点，并排除；或修复、更换继电器
门销未关，电梯能选层启动	门锁开关触头粘连（对使用微动开关的门锁）	排除或更换
	门锁控制回路接线短路	检查和排除
到站平层后，电梯门不开	开门电动机回路中的熔丝过松或熔断	拧紧或更换
	轿厢顶上开门限位开关闭合不好或触点折断了，使开门继电器不能吸合	排除或更换
	开门电气回路出故障或开门继电器损坏	排除或更换
电梯在运行中抖动或晃动	拽引机减速箱蜗轮蜗杆磨损，齿侧间隙过大	调整减速箱中心距或更换蜗轮蜗杆
	拽引机固定处松动	检查地脚螺栓、挡板、压板等，发现松动拧紧
	个别导轨架或导轨压板松动	慢速行车，在轿顶上检查并拧紧
	滑动导靴靴衬磨损过大，滚动导靴的滚轮不均匀磨损	更换滑动导靴靴衬，更换滚轮导靴滚轮或修车滚轮
	拽引绳松紧差异大	调整绳丝头套螺母，便各条拽引绳位力一致
直流电梯在运动时忽快忽慢	励磁柜上的晶闸管插件和脉冲插件的触点接触不良或有关元器件损坏	将插件板触点轻轻地摩擦干净，或更换插件，修复损坏元器件
	励磁柜上的触发器插件触点接触不良或有关元器件损坏	将插件板触点器轻轻地摩擦干净，或更换插件，修复损坏元器件
	励磁柜上放大器插板触点接触不良或有关元器件损坏	将插件板触点轻轻地摩擦干净，或更换插件，修复损坏元器件
	励磁柜上熔丝熔断	查找原因，更换熔丝
直流电梯在运行中抖动	励磁柜上的反馈调节稳定不合适，有零浮现象	调整稳定调节电位器和放大器调零
	测速发动机出了故障或V带过松	修复或更换测速发动机；张紧或更换V带
	发电电动机或电动机的电刷磨损严重，并在行车时发现大的火花	更换电刷，校正中心线
局部熔丝经常绕断	该回路导线有接地点或电气元件有接地	检查接地点，加强绝缘
	有的继电器绝缘垫片击穿	加绝缘垫片或更换继电器

机电设备管理与维护技术基础

续表

故障现象	故障原因	排除方法
主熔丝片经常烧断	熔丝片容量小，且压接松，接触不良	按额定电流更换熔丝片，并压接紧固
	有的接触器接触不良有卡阻	检查调整接触器，排除卡阻或更换接触器
	电梯启动、制动时间过长	调整启动、制动时间
电梯运行时在轿厢内听到摩擦声	滑动导靴衬磨损严重，使两端金属盖板与导轨发生摩擦	更换靴衬
	滑动导靴中卡入异物	清除异物并清洗靴衬
	由于安全钳拉杆松动等原因，使安全钳楔块与导轨发生摩擦	修复
开关门时门扇振动大	门滑轮磨损严重	更换门滑轮
	门锁两个滚轮与门刀未紧贴，间隙大	调整门锁
	门导轨变形或发生松动偏斜	校正导轨，调整紧固导轨
	门地坎中的滑槽积尘过多或有杂物，妨碍门的滑行	清理
门安全触板失灵	触板微开关出故障	排除或更换
	微动开关接线短路	检查电路，排除短路点
轿厢或厅门有麻电感觉	轿厢或厅门接地线断开或接触不良	检查接地线，使接地电阻不大于4Ω
	接零系统零线重复，接地线断开	接好重复接地线
	线路上有漏电现象	检查线路绝缘电阻，其绝缘电阻不应低于0.5 MΩ

 任务实施

1. 电梯上下行电气控制线路常见故障处理

一、实施目标

1. 会分析电梯控制电路。

2. 会正确选择使用万用表进行故障分析。

3. 养成规范操作、认真细致、严谨求实的工作态度。

二、实施准备

1. 阅读教材，参考资料，查阅网络。

2. 识读交流单速电梯上下行控制电路图，认识各控制元器件；观察电梯正常工作时电动机运转现象。

3. 实验仪器与设备：电梯设备综合实验台、万用表、备用电气元件、起子等。

三、相关知识

1. 常用电气元器件

1）接触器

接触器是一种低压自动切换，并具有控制与保护作用的电磁式电器。它可以用来频繁地接通或分断带有负载的主电路，并可实现远距离控制，主要用来控制电动机，也可控制电容器、电阻炉和照明器具等电力负载。接触器的型号含义如下：

（1）直流接触器型号的含义如图 3-66 所示。

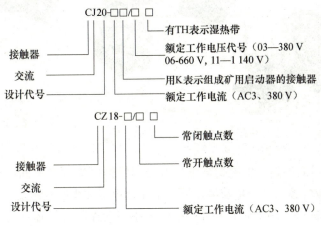

图 3-66　直流接触器型号的含义

（2）交流接触器型号的含义如图 3-67 所示。

图 3-67　直流接触器型号的含义

（3）接触器的电路符号如图 3-68 所示。

2）继电器

继电器是一种根据输入信号的变化接通或断开控制电路，实现控制目的的电器。继电器的输入信号可以是电流、电压等电量；也可以是温度、速度、压力等非电量，输出为相应的触点动作。

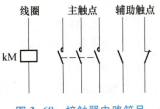

图 3-68　接触器电路符号

继电器的种类很多，按输入信号的性质分为电压继电器、电流继电器、时间继电器、温度继电器、速度继电器、中间继电器、压力继电器等。

（1）电磁式继电器。电磁式继电器是应用最多的一种继电器，由电磁机构、触点系统和释放弹簧等部分组成，由于继电器是用于切换小电流的控制电路和保护电路，触点的容量较小，不需要灭弧装置。电磁式继电器的外形如图 3-69 所示，其结构和工作原理与电磁式接触器相似。

图 3-69　电磁式继电器的外形图

① 电磁式继电器的种类。电磁式继电器按吸引线圈电流种类不同有交流和直流电磁式继电器两种。按反应参数可分为电流继电器、电压继电器和中间继电器。

（a）电流继电器。根据输入（线圈）电流大小而动作的继电器称为电流继电器。它的线圈串联在被测量的电路中，以反应电路电流的变化。

（b）电压继电器。根据输入电压大小而动作的继电器称为电压继电器。它的结构与电流继电器相似，不同的是电压继电器线圈并联在被测量的电路的两端，以反应电路电压的变化，可作为电路的过电压或欠电压保护。

（c）中间继电器。中间继电器实质上是电压继电器的一种，但它触点多（多至六对或更多），触点电流容量大（额定电流 5~10 A），动作灵敏（动作时间不大于 0.05 s）。

中间继电器的作用是将一个输入信号变成多个输出信号或将信号放大的继电器。它主要依据被控制电路的电压等级，触点的数量、种类及容量来选用。

（Ⅰ）线圈电流的种类和电压等级应与控制电路一致。

（Ⅱ）按控制电路的要求选择触点的类型（常开或是常闭）和数量。

（Ⅲ）继电器的触点额定电压应大于或等于被控制回路的电压。

（Ⅳ）继电器的触点电流应大于或等于被控制回路的额定电流，若是电感性负载，则应降低到额定电流 50% 以下使用。

② 电磁式继电器动作值的整定方法。电磁式继电器的吸合值与释放值的整定方法有以下几种：

（a）吸合动作值整定。

（Ⅰ）调整释放弹簧松紧程度。将释放弹簧调紧了，反作用力增大，吸合动作值提高，反之减少。

（Ⅱ）改变铁芯与衔铁之间的初始气隙。在反作用弹簧力和非磁性垫片厚度不变的情况下，初始气隙越大，吸合动作值也越大，反之就小。

（b）调整释放值。

（Ⅰ）调整释放弹簧松紧程度。释放弹簧调得越紧，释放值也越大，反之越小。

（Ⅱ）改变铁芯与衔铁之间的初始气隙。在反作用弹簧力和非磁性垫片厚度不变的情况下，初始气隙越大，吸合动作值也越大，反之就小。

（2）时间继电器。时间继电器是一种在接受或去除外界信号后，用来实现触点延时接通或断开的控制电器。

时间继电器按延时方式可分为通电延时型和断电延时型两种。

① 空气阻尼式时间继电器。空气阻尼式时间继电器由电磁系统、延时机构和触点系统三部分组成。它是利用空气阻尼原理获得延时的，其电路符号如图3-70所示。

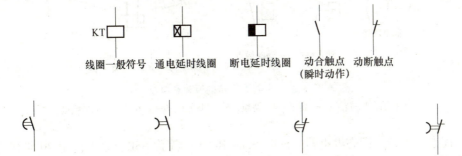

图3-70 时间继电器电路符号

② 晶体管式时间继电器。晶体管式时间继电器也称为半导体式时间继电器。它是应用RC电路充电时，电容器上的电压逐步升高的原理作为延时的基础。

（3）热继电器。热继电器是一种利用电流的热效应时触点动作的保护电器。常用于电动机的长期过载保护。

热继电器的基本结构由热元件（电阻丝）、双金属片、触点系统、动作机构、复位按钮、整定电流装置和温升补偿元件等部分组成，如图3-71所示。

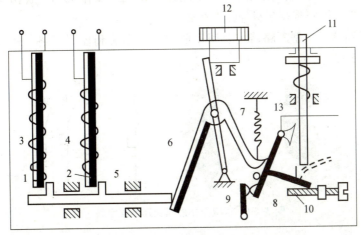

图3-71 热继电器的结构

1、2—双金属片；3、4—电阻丝；5—导板；6—温度补偿双金属片；7—推杆；
8—动触点；9—静触点；10—螺钉；11—复位按钮；12—调节凸轮；13—弹簧

（4）速度继电器。速度继电器根据电磁感应原理制成，用来在三相交流异步电动机反接制动转速过零时，自动切断反相序电源，起到对电动机的反接制动控制，也称为反接制动继电器。如图 3-72 所示为速度继电器的结构原理和电路符号图。

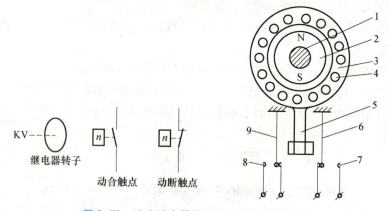

图 3-72　速度继电器的结构原理和电路符号

1—转轴；2—转子；3—定子；4—绕组；5—摆锤；6、9—簧片；7、8—静触点

（5）固态继电器。固态继电器（Solid State Relay）简称 SSR，是上世纪 70 年代中后期发展起来的一种新型无触点继电器。

固态继电器是一种具有两个输入端和两个输出端的一种四端器件，按输出端负载电源类型可分为直流型和交流型两类。

3）低压断路器

低压断路器是将控制电器和保护电器的功能合为一体的电器。

低压断路器的主要参数有：额定电压、额定电流、极数、脱扣器类型及其额定电流、整定范围、电磁脱扣器整定范围、主触点的分断能力等。

目前，数控机床常用的低压断路器有塑料外壳式断路器和小型断路器。

（1）塑料外壳式断路器。塑料外壳式断路器由手柄、操作机构、脱扣装置、灭弧装置及触头系统等组成，均安装在塑料外壳内组成一体。

（2）小型断路器。小型断路器主要用于照明配电系统和控制回路。外形和断路器图形及文字符号如图 3-73 所示。

图 3-73　断路器外形和图形及文字符号

4）熔断器

熔断器是一种广泛应用的最简单的有效的保护电器。在使用时，熔断器串接在所保护的

电路中，当电路发生短路或严重过载时，它的熔体能自动迅速熔断，从而切断电路，使导线和电气设备不致损坏。

5）开关

（1）刀开关。刀开关广泛应用于电器设备的电源开关、测量三相电压和控制 7.5 kW 以下小容量电动机的直接启动、正反转等不频繁操作的场合。其文字符号和图形符号如图 3-74 所示。

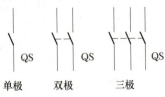

图 3-74　刀开关文字符号和图形符号

（2）控制按钮。控制按钮通常用来接通或断开控制电路（其中电流很小），从而控制电动机或其他电器设备的运行，原来就接通的触点，称为常闭触点；原来就断开的触点，称为常开触点。其结构和电路符号如图 3-75 所示。

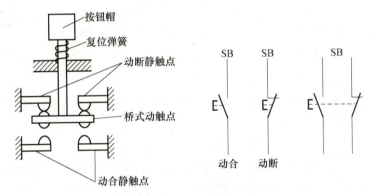

图 3-75　按钮结构和电路符号

（3）指示灯。指示灯用来发出下列形式的信息：

指示：引起操作者注意或指示操作者应该完成某种任务。红、黄、绿和蓝色通常用于这种方式。

确认：用于确认一种指令、一种状态或情况，或者用于确认一种变化或转换阶段的结束。蓝色和白色通常用于这种方式，某些情况下也可用绿色。

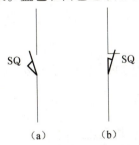

图 3-76　行程开关电路符号
（a）常开触点；（b）常闭触点

（4）行程开关。行程开关是用来反映工作机械的行程发布命令以控制其运动方向或行程大小的主令电器。电路符号如图 3-76 所示。

（5）接近开关。接近开关是非接触式的监测装置，当运动着的物体接近它到一定距离范围内，就能发出信号，以控制运动物体的位置或计数。

（6）微动开关。微动开关是具有瞬时动作和微小的行程，可直接由某一定力经过一定的行程使触头速动，从而实现电路的转换的灵敏开关。

2. 电梯上下行电气控制线路常见故障（见图 3-77）

① 故障现象：电动机正反转均缺相，KM1、KM2 线圈吸合均正常。

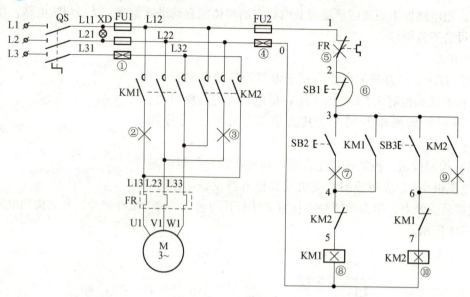

图 3-77　某电梯上下行电气控制原理图

可能出现故障原因：KM1、KM2 主电路回路中的共用回路有线路、触点、熔丝或电动机绕组损坏。

实际故障点：L31#—L32#线路中的熔丝坏。

② 故障现象：电动机正转缺相，反转正常，KM1、KM2 线圈吸合均正常。

可能出现故障原因：KM1 主电路回路中 U 相的线路或触点损坏。

实际故障点：KM1 的 L13#—FR 的 L13#线路断路。

③ 故障现象：电动机正转正常，反转缺相，KM1、KM2 线圈吸合均正常。

可能出现故障原因：KM2 的主电路回路中 V 相的线路或触点损坏。

实际故障点：KM2 的 L23#—FR 的 L23#线路断路。

④ 故障现象：电动机正反转均无，KM1、KM2 线圈均不吸合。

可能出现故障原因：KM1、KM2 线圈不得电，控制电路回路中的共用回路有线路、触点或熔丝损坏。

实际故障点：L22#—0#线路中熔丝坏。

⑤ 故障现象：电动机正反转均无，KM1、KM2 线圈均不吸合。

可能出现故障原因：KM1、KM2 线圈不得电，控制电路回路中的共用回路有线路、触点或熔丝损坏。

实际故障点：FR 控制回路中的触点坏。

⑥ 故障现象：电动机正反转正常，KM1、KM2 线圈均吸合但电动机无法停止。

可能出现故障原因：控制回路中的 SB1 触点或 SB1 触点上下线路短路

实际故障点：SB1 触点短路。

⑦ 故障现象：电动机无正转，反转正常，KM1 线圈不吸合，KM2 线圈吸合正常。

可能出现故障原因：电动机正转控制回路中的线路、触点或线圈损坏。

实际故障点：SB2 的 4#—KM2 的 4#线路断路。

⑧ 故障现象：电动机无正转，反转正常，KM1 线圈不吸合，KM2 线圈吸合正常。

可能出现故障原因：电动机正转控制回路中的线路、触点或线圈损坏。

实际故障点：KM1 线圈断路。

⑨ 故障现象：电动机正转正常，反转点动，KM1 线圈吸合正常，KM2 线圈吸合点动。

可能出现故障原因：KM2 控制回路无法自锁，自锁回路中有线路或触点损坏。

实际故障点：KM2 的 6#—KM1 的 6#线路断路。

⑩ 故障现象：电动机正转正常，无反转，KM1 线圈吸合正常，KM2 线圈不吸合

可能出现故障原因：电动机反转控制回路中的线路、触点或线圈损坏。

实际故障点：KM2 线圈断路。

3. 常用电气控制电路故障分析方法

1）电压测量法

在检查电气设备时，经常通过测量电压值来判断电气元件和电路的故障点，检查时把万用表扳到交流电压 500 V 挡位上，可分阶、分段测量或对地测量，将两点间测得电压与额定电压比较，判断是否存在故障。

2）电阻测量法

检查时断开电源，把万用表扳到电阻挡，测得两点间电阻很大或无穷大，说明电路接触不良或断路。电阻测量法比较安全，但测量阻值不准确时易造成判断错误。因此应注意用该方法检查故障时一定要断开电源；所测量电路如与其他电路并联，必须将该电路与其他电路断开，否则所测阻值不准确；测量高电阻电气元件，要将万用表的电阻挡扳到适当的位置。

3）短接法

使用该方法时要注意安全、避免触电事故；只适用于压降极小的导线及触头之类的短路故障，对压降较大的电器，如电阻、线圈、绕组等断路故障，不能采用短接法，否则会出现短路故障；对于设备要害部位，必须保证电气设备或机械部位不会出现事故的情况下才能使用短接法。

四、实施内容

用万用表排除电动机 M1 正转启动后不能自锁的故障。

五、实施步骤

1. 先启动电动机观察运行情况，然后关闭控制电源。

2. 找出接触器 KM1 的常开触头与正转启动按钮 SB2 并联的两根接线 3 和 4。

3. 将万用表的转换开关拨到电阻 $R \times 100$ 挡。

4. 把万用表的表棒分别放在导线 3 的两端看表中读数，如果读数为零说明导线中间没有断口，如果读数较大，则导线中间已断开。同样的方法测量导线 4。

5. 采用手动的方式将接触器的辅助触头吸合，用万用表的表棒测量辅助常开触头两段的电阻，如果电阻值为零说明接触器触头能正常吸合；如果电阻值为无穷大，则需要更换接触器。

6. 检查接点是否松动或脱落，如果是这样应将接头拧紧。

7. 检查是否将导线的塑料外壳拧入触头，由于塑料为绝缘体，使该触头不得电。

8. 检查完毕，再次打开电源，启动主轴电动机，则主轴电动机能够连续运转。

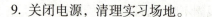
9. 关闭电源，清理实习场地。

六、注意事项

1. 要注意人身及设备的安全。关闭电源后，方可观察机床内部结构。

2. 未经指导教师许可，不得擅自任意操作。

3. 要按规定时间完成，符合基本操作规范，并注意安全。

4. 实验完毕后，要注意清理现场。

七、实施评价

"电梯上下行电气控制线路常见故障处理"评价表

评分 \ 指标	故障分析	操作规范	故障排除	参与态度	合计
标准分	25	30	30	15	100
扣分					
得分					
评价意见：					
评价人：					

 任务实施

2. PLC 在电梯控制电路中的应用及维护

一、实施目标

1. 认识电梯控制电路中各元器件，会分析电梯控制电路。

2. 掌握电梯控制线路中 PLC 故障分析与排除技术。

3. 养成规范操作、认真细致、严谨求实的工作态度。

二、实施准备

1. 阅读教材，参考资料、设备技术资料，查阅网络。

2. 实验仪器与设备：电梯设备综合实验台、PLC 试验台，扳手、起子、刷子等。

三、相关知识

现在 PLC 在电梯中的应用越来越广泛，PLC 应用于电梯控制电路可以是局部的。例如，不改变原有外围设备，用 PLC 取代开、关门和调速等部分控制单元；当传感器等器件有可靠的配套产品时，则可对层楼召唤、平层以及各保护环节做较全面的控制。

图 3-78 所示为某电梯厂已批量生产的、用 PLC 控制的电梯电路图中的一部分，只绘出 PLC 的输入和输出接线头和标记，对于外接输入线路的控制触头只画出一个，省略了有多个控制的情况。此电梯所用 PLC 为日产 OMRON 产品，输入端画在左侧；输出端在右侧。本梯

的上下召唤、登记电路仍沿用传统方法，层站信号用大型数码管显示。PLC 根据指层装置、召唤登记情况的输入分别对电梯的上下行、加减速和开关门进行自动控制，同时也完成各安全装置的联锁控制。由于这种控制方式简单可靠，故得到用户广泛的好评。

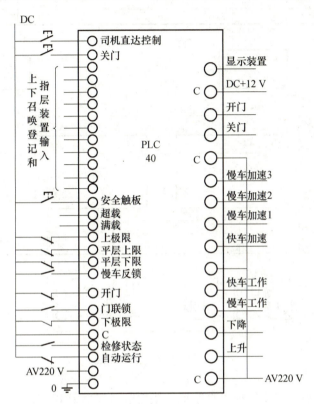

图 3-78　PLC 在电梯电路中的外部接线

图 3-79 所示为 PLC 的外部接线示意图，现就与接线有关的几个问题做一些说明，以供参考。

（1）为了给 PLC 和执行元件提供一个统一的隔离装置，应设总电源开关 GK。

（2）PLC 和输出元件的电源应取自同一相线（本图为 A 相）。

（3）PLC 和它的扩展模块应合用一个熔断器 FU1，该熔断器熔丝的额定电流不得大于 3 A。

（4）PLC 内自备有 DC 24 V、1 A 的电源，供输入元件使用。当输出的执行元件与输入电流之和小于 1 A 时，允许合用机内电源。否则，应另装整流电源 GZ 专供输出的执行元件用。

（5）当执行元件为直流电磁铁、直流电磁阀时，一般应在线圈两端接入限流电阻 R 和续流二极管 VD 以作保护。

（6）当执行元件为感性元件时，应在线圈两端接入电阻（可取 100 Ω）和电容 C（可取 0.047 μF）组成灭弧电路。

（7）当电压为 AC 220 V 的执行元件的线圈数超过 5 个时，最好设隔离变压器 T 供电。

（8）电源线与输入、输出线在（电梯）出厂时均分别走线，检修中不可把它们混在一起，更不允许将输入信号线与一次回路导线合用同一电缆或并排敷设，以减少干扰。

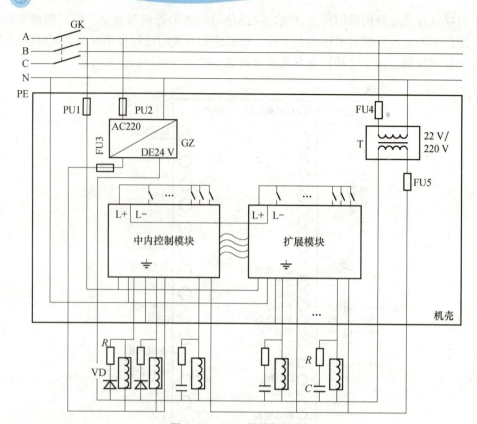

图 3-79　PLC 的外部接线

（9）PLC 的接地端（PE）应可靠接地，接地电阻应小于 100 Ω，一般可与机架相连。

（10）PLC 与扩展单元连接以及机上有关器件如 EPROM 集成块的插入和拔出等，均不允许带电操作。

四、实施内容

进行电梯控制电路中 PLC 故障检查与排除。

五、实施步骤

1. PLC 故障检查

（1）CPU 模块，如图 3-80 所示为 CPU 的方式选择及显示面板图。

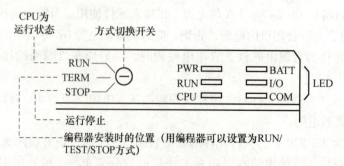

图 3-80　CPU 模块显示面板

① PWR：二次侧逻辑电路电压接通时灯亮。

② RUN：CPU 运行状态时亮。

③ CPU：监控定时器发生异常时亮。

④ BATT：CPU 中的存储器备用电池或者存储器盒内的电池电压低时灯亮。

⑤ I/O：I/O 模块、I/O 接线等模块的联系发生异常时灯亮。

⑥ COM：SU-5 型机和编程器的通信发生异常时灯亮。SU-6 型机上位通信、PLC 通信、通用端口的通信及编程器的通信发生异常时灯亮。

有关 CPU 模块的故障现象及维修步骤如图 3-81～图 3-83 所示。

（2）I/O 模块，如图 3-84 所示为 I/O 模块的维修流程图，有关特殊模块请参照各有关资料。

在检查输入、输出回路时，参阅各模块的规格。

2. 故障诊断与处理

1）PLC 运行时动作不正常此现象可以考虑以下原因：

（1）包含 PLC 在内的系统的供给电源有问题。

① 未供给电源。

② 电源电压低。

③ 电源时常瞬断。

④ 电源带有强的干扰噪声。

（2）由于故障或出错造成的机器损坏。

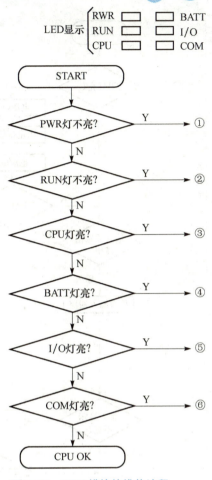

图 3-81　CPU 模块的维修流程

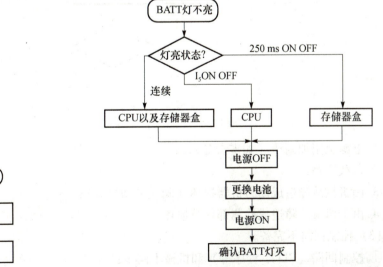

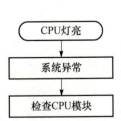

图 3-82　CPU 灯亮维修流程

图 3-83　BATT 灯亮维修流程 SU-5 的场合 BATT 灯持续点亮

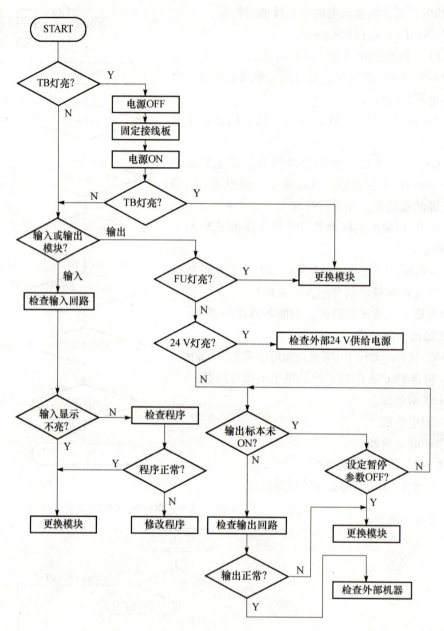

图 3-84 I/O 模块维修流程

① 电源上附加高压（如雷击等）；

② 负载短路；

③ 因机械故障造成动力机器损坏（阀、电动机等）；

④ 由于机械故障造成检测部件被损坏。

（3）控制回路不完备。

① 控制回路（PLC、程序等）和机械不同步；

② 控制回路出现了意外情况。

（4）机械的老化、损耗。

① 接触不良（限位开关、继电器、电磁开关等）；

② 存储器盒内以及 CPU 内存储器备用电池电压低；

③ 由高压噪声造成的 PLC 恶化。

（5）由噪声或误操作产生的程序改变。

① 违背监控操作使程序发生改变；

② 由于强噪声干扰改变了程序存储器的内容。

2）程序突然丢失

为了使程序在电源关掉时不消失，CPU 和存储器盒（G-03M）采用长寿命锂电池进行存储器的掉电保护（仅用于 SU-6 型机）。除在很高或很低温度的场所下使用外，在通常的使用条件下，电池的寿命约为 3 年；所以在电池到寿命时，必须立即更换。

（1）CPU 模块。CPU 模块上的 LED 显示 BATT 闪烁（周期为 2s）或连续点亮时，请在一周内更换电池。电池型号为 RB-5。

更换方法：

① 关掉电源，将 CPU 模块前面的盖板取下；

② 电池在模块中部，从夹具上取下；

③ 电池上带有导线，通过接插件与模块连接；

④ 拆开接插件，更换新的电池，电池被取出时，由大容量电容保持存储器的内容，更换请在 10 min 以内完成；

⑤ 将电池插入 CPU 模块的夹具中，并塞进导线；

⑥ 盖好 CPU 盖，合上电源，同时请确认 CPU 上的 BATT 灯熄灭。

（2）存储器盒。SU-6 CPU 上的 LED 显示 BATT 灯闪烁（周期为 0.5 s）或连续点亮时请在一周内更换电池。电池型号为 RB-7。

更换方法：

① 存储器中的内容在其他存储器或软盘中应有备份；

② 关掉电源，取出 CPU 盖板内的存储器盒，如果卸下 G-03M 的电池，则存储器的内容消失；

③ 卸下存储器盒反面的螺钉，取出电池；

④ 换上新的电池，装好存储器盒；

⑤ 将换好电池的存储器压人 CPU 模块；

⑥ 合上电源，确认 BATT 灯熄灭。

六、注意事项

1. 要注意人身及设备的安全，按规程操作。

2. 未经指导教师许可，不得擅自任意操作。

3. 调整要注意使用适当的工具，在正确的部位加力，不得带电装拆。

4. 操作要按规定时间完成，符合基本操作规范，并注意安全。

5. 实验完毕后，要注意清理现场，清洁机床，对机床及时润滑。

七、实施评价

"电梯控制电路中常见 PLC 故障处理" 评价表

评分＼指标	故障分析	操作规范	故障排除	参与态度	合计
标准分	25	30	30	15	100
扣分					
得分					
评价意见：					
评价人：					

习题与思考

1. 机电设备对于工作环境有哪些要求？

2. 当机电设备长期闲置不用时，如何进行正确的维护保养？

3. 数控车床的结构与传统车床的结构相比有哪些不同？

4. 机床主传动系统由哪些部分组成？

5. 主电动机传动带松动会产生什么样的现象，如何进行调整？

6. 主轴部件的作用是什么，如何进行主轴轴承的调整？

7. 滚珠丝杠的维护与保养应考虑哪些方面？

8. 若滚珠丝杠轴向间隙超差，对加工会产生什么样的影响？

9. 简述直线滚动导轨的作用与结构。

10. 如何进行数控车床滚动导轨的预紧？

11. 数控车床刀架拆装过程中应注意什么？

12. 数控机床精度内容包括哪些？

13. 数控车床刀架横向移动对主轴轴线的垂直度误差对车削出的端面的平面度误差会有什么样的影响？

14. 电火花线切割机中工作液的作用是什么，如何配制？

15. 电火花线切割加工过程中出现断丝故障应如何处理？

16. 电火花线切割机开机后，水泵转但却不上水，试分析故障原因。

17. 电火花线切割加工的加工精度如何保证？

18. 电火花线切割机床如何进行日常维护与保养？

19. 空压机是哪种类型的机电设备，日常使用与维护时要注意什么？

20. 双螺杆式空压机的吸气、压缩、排气过程是如何进行的？

21. 如何保证双螺杆式空压机的密封？

22. 试分析造成空压机级间压力超过正常值的故障原因及处理方法。

23. 试分析造成空压机吸排气时有敲击声的故障原因及处理方法。

24. 试述电梯的结构组成及其基本工作原理？

25. 电梯在载人运行过程中意外停机该如何处理？

26. 电梯无法正常启动应如何处理？

27. 电梯速度明显下降的原因是？

28. 电梯门开关速度太慢的原因是？

29. 试述电梯的日常维护与保养。

30. 电梯运行中抖动是什么原因？

附录 1　企业设备管理标准

1　目的

加强设备管理，使设备处于良好的技术状态，确保设备完好运行，满足生产需要。

2　适用范围

本标准适用于本企业的设备管理。

3　相关标准

3.1　ISO9001：2000 原质量管理体系要求。

3.2　本企业质量手册。

4　定义

本标准 ISO9000 的术语和定义。

5　职责

5.1　生产机动处负责全公司设备的管理。

5.2　公司各单位具体负责本单位设备的日常管理工作。

6　主题内容

6.1　设备的购置。

6.2　设备的维护和保养。

6.3　完好设备标准及验收。

6.4　设备的检修。

6.5　设备的档案及台账。

6.6　特殊设备的鉴定。

7　程序方法

7.1　设备的购置、验收、安装和调试。

7.1.1　设备的购置。

购置设备必须有技术经济论证，并按规定权限进行审核，审批后方可提报购置。购置设备必须签订合同。合同的内容要清楚完整，明确规定设备名称、规格、型号、数量、质量指标、价格、供货时间、结算方式、包装、运输、到站、交货地点和售后服务责任等。双方确认并签章，必要时通过公证部门公证。

7.1.2　设备的验收。

设备到货后，应按照合同、说明书和有关技术资料由主管领导或生产机动处组织有关人员进行验收。

7.1.3　设备的安装。

7.1.3.1　安装时要组织有关人员认真学习设备有关资料、了解设备性能、安全要求、

174

施工中所用工具和注意事项等。

7.1.3.2 安装过程应按施工方案和技术标准进行。安装后将安装记录存档，其中要有测量、鉴定的有关数据和图表。

7.1.4 设备的调试

7.1.4.1 调试工作由安装单位负责，生产机动处和使用单位及其他有关部门参加。

7.1.4.2 调试分为无负荷调试和带负荷调试，验收的内容按说明书要求进行。

7.1.4.3 调试合格后由安装单位填写验收单，由接受单位及参加调试部门签字验收。并与交工资料一起存档。

7.2 设备的维护和保养

7.2.1 维护保养的内容

（1）日常维护，由操作者进行。

（2）一级保养，以操作者为主，电、钳、修为辅进行。

（3）二级保养，由电、钳、修进行。

7.2.2 维护保养负责制

7.2.2.1 设备润滑责任制，按"五定"的要求进行落实。

7.2.2.2 实行专机负责或包机制，做到每台设备，每条管线，每块仪表，每个阀门都有专人负责。

（1）明确各工种包机责任制，落实到班组或个人。实现设备定人定机专机专责。

（2）设备管理人员对运行中的设备每天要巡视一次，检查结果填月份设备巡检记录单，对发现的问题及时安排处理，并做好处理记录。

7.2.3 设备使用维护要求

7.2.3.1 操作人员必须经过培训，学习岗位责任制、设备操作规程、设备维护保养规程等。对使用设备做到：懂结构，懂原理，懂性能，懂用途；会使用，会保养，会排除故障（简称四懂三会）。并经实际操作考试合格后才能上岗操作。

7.2.3.2 操作人员必须做好以下工作：

（1）启动前要严格细致检查设备的启动、停止是否灵活可靠。

（2）机械设备要运行平稳、无噪声；动力设备不超温、不超压、不超负荷。

（3）管理好润滑油具，按照润滑规程规定及时注油。

（4）对总变电所、压缩机站、煤气站、乙炔站等倒班单位要认真填写设备运行和交接记录。

（5）坚守岗位、精心操作、及时发现问题及时处理；处理不了的问题及时上报。

（6）做好本岗位负责区的清洁卫生，做到文明生产。

7.2.3.3 维修工人对分管范围的设备要做到定时上岗检查，主动向操作者了解情况。发现问题及时解决；不能解决的要及时上报。

7.2.3.4 对封存设备要有专人负责维护和保养，做到不潮、不冻、不腐蚀，不丢件，保证设备处于良好状态，能随时开动。

7.2.3.5 未经机动部门同意，不得将配套设备备用、封存，停运设备上配件拆卸使用。闲置设备的转卖和调拨要按规定办理有关手续。

7.2.3.6　维护保养的验收

日常维护和一级保养由车间主管领导和设备员按保养资料要求进行验收。二级保养由车间主任和设备员、生产机动处有关人员复检确认，合格后由车间填写验收单，由车间主管人员，设备员，操作者及维修人员盖章后交生产机动处存档。

7.2.4　设备的润滑管理

设备的润滑管理贯彻"五定"和"三级过滤"的规定。

7.2.4.1　"三级过滤"的内容

（1）领大桶油到固定储油桶。

（2）固定储油桶到油壶。

（3）油壶到润滑油部位。

7.2.4.2　"五定"内容

（1）定点：按日常的润滑部位注油。

（2）定人：有操作者或责任加油工负责。

（3）定质：按设备的要求选定润滑油脂的品种，质量要求合格（合格证）。

（4）定时：按规定时间间隔期进行。

（5）定量：按设备标定的油位和数量进行。

7.2.5　设备的密封管理

7.2.5.1　密封点的分类

（1）动密封点：各种机电设备，凡是连续运动（旋转、往复）部件的密封处属于动密封点。

（2）静密封点：设备、管道上的结合处或不连续运动部件的密封处属静密封点。

7.2.5.2　密封点泄漏率的计算

$$\frac{泄漏点数}{动（静）密封点数}×100\%$$

7.2.6　设备的标识管理

7.2.6.1　设备按控制级别共分 A、B、C 三种标识标明。

7.2.6.2　用于 ASME 制造的设备，要有"ASME"标牌。

7.2.7　设备的防腐管理

7.2.7.1　设备、管道、工业建（构）筑物的防腐施工要结合大修进行。

7.2.7.2　设备、管道、工业建（构）筑物和基础表面刷油防腐其颜色应按标准规定进行。

7.2.8　设备的备品配件及库房管理

7.2.8.1　备品配件

（1）自制备件：由备件测绘人员进行测绘（或提图）后按图进行加工，经检查验收合格后入库。

（2）外购件：根据实际情况按需进行择优采购。

7.2.8.2　库房管理

（1）库房整洁，"账、物、卡"相符。

（2）废旧备品配件的处理必须经过主管领导的批准方可进行。

7.2.9 设备故障和事故管理

7.2.9.1 设备故障管理

（1）操作者发现设备故障征兆时要及时上报车间设备管理人员，并做好故障记录，提出处理意见。

（2）找出发生故障的原因规律，提出改进和消除措施。

7.2.9.2 设备事故管理

（1）设备事故管理必须坚持实事求是、尊重科学和"三不放过"的原则。

（2）事故查清后填写事故报告。事故报告应包括事故发生过程的自然情况；事故原因分析和结论；事故的损失；吸取的教训；防范措施和对责任者的处理意见。设备事故报告应报公司主管领导审批。

7.3 完好设备标准及验收

7.3.1 设备完好的标准

（1）设备运转正常，满足生产工艺要求。

（2）附件及监视测量装置完好。

（3）润滑密封良好。

（4）设备整洁、无灰尘油污。

7.3.2 在用每台设备每年按完好标准循环检查一次，并填写"设备完好（认可）验收单"。有不合格的予以整改、保证完好。

7.3.3 使用单位设备员负责编制年度设备完好验收计划，经单位主管领导审核，生产机动处设备责任工程师批准后执行。

7.3.4 使用单位设备员负责 C 类设备的验收；A、B 类设备（含 C 类特殊设备）由使用单位设备员和生产机动处设备责任工程师共同验收；必要时（如特殊设备验收）还需请质量管理部门的相关人员参加验收。

7.3.5 设备完好（认可）验收单一式两份，一份由设备使用单位的设备员保管，一份报生产机动处设备责任工程师统一保管。

7.4 设备检修原则

7.4.1 设备检修原则

设备的检修实行以预防为主、修理、改造与更新相结合的原则，以期恢复或改善设备性能，使之达到高效率、长周期、安全运行。

7.4.2 检修类别

根据设备检修内容分为：小修、中修、大修。

7.4.3 设备小修

是对易损件或设备一般缺陷进行维护性的检查和修理，以保证设备的正常运行。

（1）检查紧固件。

（2）检查调整零件。

（3）检查润滑密封及冷却系统。

（4）检查启动和传动装置。

（5）修理或更换易损件。

（6）设备电气设施的清扫，松动件的紧固。

7.4.4　设备中修

是对设备的某些主要部件进行更换或检修，并保持两次大修期间的应有能力。中修的内容包括：

（1）小修的全部内容。

（2）更换磨损的零部件，并恢复设备规定的精度。

（3）根据规定对锅炉、压力容器、起重设备的检验和电气设施的安全性进行试验等。

（4）电气设施、设备的绝缘测定，绝缘安全保险试验。

7.4.5　设备大修

设备的大修是恢复和提高设备性能，改善技术状况的措施。大修的内容包括：

（1）中修的全部内容。

（2）更换全部磨损和损坏的零部件。

（3）恢复设备规定的技术指标。

（4）补齐设备的附件，对设备进行防腐喷漆。

7.4.6　检修计划的编制

设备的大、中修计划由车间负责编制，并上报生产机动处。生产机动处经过考查、平衡，上报公司主管领导批准后下发实施。同时，生产机动处负责把大修计划备案。小修计划由车间自行编制、审批和实施，生产机动处不签署意见。编制计划的依据包括：

（1）检修间隔周期。

（2）设备技术档案。

（3）设备实际监测的技术数据和试验鉴定结论。

7.4.7　检修施工方案的编制

大修施工方案的编制由生产机动处和施工单位共同协商制定，由部门主管领导审批。中、小修施工方案由车间自己制定实施。施工方案的主要内容：

（1）检修方法。

（2）安全技术措施。

（3）施工进度。

（4）质量及验收标准。

（5）各类物资及工机具的准备。

7.4.8　检修的验收

大修竣工后，由施工单位填写"大修工程竣工报告"，由使用单位、生产机动处、质检处按验收标准进行联合验收，并在"大修工程竣工报告"中相应栏内签字或盖章。"大修工程竣工报告"由生产机动处负责存档。对中、小修的验收，由车间设备管理人员按有关验收标准执行。

7.5　设备的档案管理

7.5.1　设备的档案管理

设备的档案是设备存在的主要依据和凭证。它包括：设备的图纸、图表及文字材料等，它是设备维护与检修的主要依据。

（1）设备的档案由生产机动处负责统一管理。

（2）档案要做到存放整齐、清洁、美观、排列合理，查找方便。

（3）定期进行清理核对工作，做到账物相符，对损坏的档案要及时进行修补和复制。

（4）档案因移交、作废、遗失等注销账卡时，要查明原因，保存依据。

（5）修改、补充图纸和技术文件时，要同时修改底图和蓝图，以达到底图、蓝图和实物三者一致。

（6）借出的档案要及时清回，且不得有损坏、删改、涂抹情况。

（7）对已失去保存价值的档案应予以销毁。销毁前要清册，提出销毁依据，经公司领导审批方可执行。

7.5.2 设备的台账管理

设备的台账是反映设备维护保养、检修、运行状况、润滑密封等情况的重要依据。

（1）设备台账由各车间设备管理人员填写和记录。

（2）设备台账的填写和记录要真实全面客观地反映设备的实际情况，不得有虚填漏填现象。

（3）台账的填写和记录字迹要工整、美观，尽量避免涂改和模糊现象。要一律用钢笔填写和记录。

（4）生产机动处负责各车间设备台账的检查监督工作。应按月进行检查和评比。对没有及时填写和漏填、错填的单位予以限期要求完成，并进行复检。

（5）设备台帐由各车间自行妥善保管，不得损坏和丢失。

7.6 特殊设备的认可

7.6.1 特殊设备的含义

特殊设备是指特殊生产过程所使用的设备，如焊接设备、热处理设备。

7.6.2 对特殊设备的认可应结合设备完好状况每年验收一次，具体按7.3的规定执行。其间，如遇设备大修，应组织再确认。

7.6.3 对确认达不到要求的特殊设备，应予以检修、技术改造或重新购置，并要对检修和改造后的特殊设备进行重新确认，以使其达到所需的要求。

8 文件和资料管理

8.1 生产机动处负责对本标准产生的各种验收单及报告进行统一管理。

8.2 各单位负责对本标准产生的各种记录资料进行管理。

9 本标准所产生的文件和资料

9.1 设备购置验收单。

9.2 设备巡检记录。

9.3 二保验收单。

9.4 设备完好（认可）验收单。

9.5 设备事故报告。

9.6 设备大修竣工报告。

文件修改记录

企管 015

修改次数	修改章节号	修改性质	修改日期	修改单位	修改人

参 考 文 献

[1] 邵泽波，陈庆. 机电设备管理技术 ［M］. 北京：化学工业出版，2004.

[2] 荆冰，陈超. 现代企业生产管理 ［M］. 北京：北京理工大学出版社，2000.

[3] 王继勃. 中国企业管理现代化之路 ［M］. 北京：企业管理出版社，1996.

[4] 邓荣霖. 现代企业制度概论 ［M］. 北京：中国人民大学出版社，1995.

[5] 赵继新，吴永林. 管理学 ［M］. 北京：清华大学出版社、北京交通大学出版，2006.

[6] 杜栋. 管理控制学 ［M］. 北京：清华大学出版社，2006.

[7] 张钢. 企业组织网络化发展 ［M］. 杭州：浙江大学出版社，2005.

[8] 高新华. 如何进行企业组织设计 ［M］. 北京：北京大学出版社，2004.

[9] 金锡万. 管理创新与应用 ［M］. 北京：经济管理出版社，2003.

[10] 任浩. 现代企业组织设计 ［M］. 北京：清华大学出版社，2005.

[11] 袁中凡，李彬，等. 机电一体化技术 ［M］. 北京：电子工业出版社，2010.

[12] 孙有亮. 典型机械设备安装工艺与实例 ［M］，北京：化学工业出版社，2010.

[13] 胡海清，陈爱民. 气压与液压传动控制技术 ［M］. 北京：北京理工大学出版社，2006.

[14] 陈泽钧，龚雯. 机电设备故障诊断与维修 ［M］. 北京：高等教育出版社，2004.

[15] 许忠美，朱仁盛. 数控设备管理与维护技术基础 ［M］. 北京：高等教育出版社，2008.

[16] 解金柱，王万友. 机电设备故障诊断与维修 ［M］. 北京：化学工业出版社，2010.

[17] 张琦. 现代机电设备维修质量管理概论 ［M］. 北京：清华大学出版社，北方交通大学出版社，2004.